麦地卡湿地

# 植物

识别图集

MAI DI KA SHI DI
ZHI WU SHI BIE TU JI

拉多 古桑群宗 李石胜 著

西南交通大学出版社
· 成都 ·

U0205770

**图书在版编目（ＣＩＰ）数据**

麦地卡湿地植物识别图集 / 拉多，古桑群宗，李石胜著. 一成都：西南交通大学出版社，2022.3
ISBN 978-7-5643-8518-7

Ⅰ. ①麦… Ⅱ. ①拉… ②古… ③李… Ⅲ. ①沼泽化地 – 植物 – 识别 – 那曲 – 图集 Ⅳ. ①Q948.527.54-64

中国版本图书馆 CIP 数据核字（2021）第 280762 号

Maidika Shidi Zhiwu Shibie Tuji

**麦地卡湿地植物识别图集**

拉 多　古桑群宗　李石胜 / 著

责任编辑 / 牛　君
封面设计 / 原创动力

西南交通大学出版社出版发行

（四川省成都市金牛区二环路北一段 111 号西南交通大学创新大厦 21 楼　610031）
发行部电话：028-87600564　　028-87600533
网址：http://www.xnjdcbs.com
印刷：成都市金雅迪彩色印刷有限公司

成品尺寸　210 mm×285 mm
印张　11.5　　字数　230 千
版次　2022 年 3 月第 1 版　　印次　2022 年 3 月第 1 次

书号　ISBN 978-7-5643-8518-7
定价　128.00 元

# 前　言

　　西藏麦地卡湿地是国家级湿地自然保护区，地处东经92°45'55"～93°19'25"，北纬30°51'04"～31°09'44"，位于西藏东南部念青唐古拉山中部，那曲市嘉黎县境内。湿地总面积为88052.37 km²，其中核心区面积 32882.47 km²，缓冲区面积 14164.04 km²，实验区面积 41005.86 km²。区域气候类型属于高原亚寒带大陆性气候，年平均气温为0.9 ℃；月均最高气温为9.5℃，出现在7月份；月均最低气温为－11.9 ℃，出现在1月份。年均降水量大约为694 mm，年蒸发量约为1410 mm。年内干湿季明显，雨季集中在6—8月，冬季降雨较少。年均日照时数为2496 h。

　　2003年，麦地卡湿地被批准为县级湿地自然保护区，2005年被列入《国际重要湿地名录》。2008年，麦地卡湿地被批准建立自治区级湿地自然保护区，2016年5月，麦地卡湿地被列为国家级湿地自然保护区。麦地卡湿地是西藏自治区境内集国际重要湿地和国家级自然保护区于一体的保护区。麦地卡湿地地貌区划位于"藏北高原湖盆地区—南羌唐山原湖盆区—那曲山原宽谷盆地亚区"，区域内地貌类型主要有高寒高山、山麓倾斜平原、高原盆地谷地平原等，最低海拔为4803 m，最高海拔为5684 m，海拔落差为881 m左右。

　　麦地卡湿地保护区内有高原湖泊湿地、沼泽湿地、河流湿地等不同类型的湿地，为众多珍稀水禽和其他珍稀野生动物提供栖息、繁殖地。麦地卡湿地植物物种丰富，主要的植被类型有沼泽草甸、高山草甸、灌丛草原、高山流石滩植被和水生植被等。2019年7月和2020年7月，60余名专业人员参加了麦地卡湿地生物多样性调查工作。本次调查，共记录了种子植物230种，隶属于38科112属，同时采集了大量植物照片资料。在对野外资料进行整理、鉴定的基础上（植物物种的中文名和拉丁名以《中国植物志》最新修订版记名），我们编写了《麦地卡湿地植物识别图集》。本书中收录麦地卡湿地主要植物163种，隶属于38科93属，对每种植物的形态特征、花期、分布及生境类型做了简要的描述。

西藏大学2019年度中央支持地方高校改革发展资金项目"生态学野外湿地研究站建设"、一江四河一期——拉萨河流域生物多样性调研与维持机制、西藏生态文明研究中心建设项目和2020年度中央支持地方高校改革发展资金项目生态学"黄大年式教师团队建设"对本次野外调查、数据采集和整理工作给予了经费支持。在植物物种的鉴定方面，西藏大学理学院生命科学系拉琼教授和西藏科技厅高原生物研究所土艳丽研究员提供了重要的资料。在此，一并表示衷心的感谢。

因作者水平有限，书中难免会有错漏之处，恳请各位专家学者批评指正。

作　者

2021年10月

# 目 录

# 单子麻黄
（小麻黄）

学名：*Ephedra monosperma* Gmel. ex Mey.
科名：麻黄科 Ephedraceae
属名：麻黄属 *Ephedra*

**形态特征：** 为矮小灌丛。绿色小枝常微弯，通常开展，节间细短，纵槽纹不甚明显；叶2
裂，1/2以下合生，裂片短三角形，先端钝或尖。雄球花生于小枝上下各部，
单生枝顶或对生节上，多成复穗状；雌球花单生或对生节上，无梗。种子多为
1，外露，三角状卵圆形或长圆状卵圆形，无光泽。花果期一般在6—8月。

**生态习性：** 一般生长在海拔3700～4700 m的山坡、河谷河滩及岩缝中。

**西藏分布：** 当雄、曲水、江达、贡觉、丁青、八宿、芒康、嘉黎、班戈、朗县等。

**保护等级：** 无危（IUCN：LC）。

# 青藏垫柳

**学名**：*Salix lindleyana* Wallich ex Andersson.
**科名**：杨柳科 Salicaceae
**属名**：杨柳属 *Salix*

**形态特征**：垫状灌木。老枝无毛。芽无毛。叶倒卵状长圆形、长圆形或倒卵状披针形，上面无毛，中脉凹下，下面苍白色，无毛，幼叶两面有稀疏柔毛，全缘，常稍反卷；叶柄幼时有柔毛，后无毛。花序与叶同放，卵圆形，每个花序具数花，顶生，基部有叶，轴有疏长柔毛或无毛；花丝基部有长柔毛。蒴果有短柄。花期6月中下旬，果期7—9月初。

**生态习性**：一般生长在海拔4000 m的高山顶部较潮湿的岩缝中。

**西藏分布**：八宿、加查、错那、定结、聂拉木、林芝、米林、墨脱、察隅等。

**保护等级**：无危（IUCN：LC）。

# 硬叶柳

**学名：** *Salix sclerophylla* Anderss.

**科名：** 杨柳科 Salicaceae

**属名：** 杨柳属 *Salix*

**形态特征：** 直立灌木。小枝多节，呈串珠状，暗紫红色，或有白粉，无毛。叶革质，椭圆形、倒卵形或宽椭圆形，两面有柔毛或近无毛，下面淡绿色，全缘。花序椭圆形，无梗或有短梗，基部无小叶或有1~2小叶。蒴果卵状圆锥形，有柔毛，无柄或有短柄。

**生态习性：** 一般生长在海拔4000~4800 m的山坡及水沟边或林中。

**西藏分布：** 拉萨、林周、墨竹工卡、类乌齐、八宿、芒康、南木林、定结、仲巴、吉隆、嘉黎、班戈、普兰、察隅等。

**保护等级：** 未评估（IUCN：NE）。

# 高原荨麻

学名：*Urtica hyperborea* Jacq. ex Wedd.
科名：荨麻科 Urticaceae
属名：荨麻属 *Urtica*

**形态特征**：多年生草本。丛生，具木质化的粗地下茎。茎下部圆柱状，上部稍四棱形，节间较密，干时麦秆色并常带紫色，具稍密的刺毛和稀疏的微柔毛，在下部分枝或不分枝。叶干时蓝绿色，卵形或心形，先端短渐尖或锐尖，基部心形，上面有刺毛和稀疏的细糙伏毛，下面有刺毛和稀疏的微柔毛，钟乳体细点状，在叶上面明显；叶柄常很短，有刺毛和微柔毛。花雌雄同株（雄花序生于叶腋）或异株；花序短穗状，稀近簇生状。雄花具细长梗，雌花具细梗。瘦果长圆状卵形，压扁，熟时苍白色或灰白色，光滑。花期6—7月，果期8—9月。

**生态习性**：一般生长在海拔4200～5200 m的高山石砾地或山坡草地。

**西藏分布**：当雄、尼木、贡嘎、南木林、定日、拉孜、吉隆、聂拉木、那曲、索县、班戈、尼玛、普兰、札达、噶尔、日土、改则等。

**保护等级**：无危（IUCN：LC）。

# 圆穗蓼

**学名：** *Polygonum macrophyllum* D. Don
**科名：** 蓼科 Polygonaceae
**属名：** 萹蓄属 *Polygonum*

**形态特征：** 多年生草本。根茎弯曲。基生叶长圆形或披针形，先端尖，基部圆或近心形，下面灰绿色，边缘脉端增厚，外卷，茎生叶窄披针形，叶柄短或近无柄，托叶鞘下部绿色，上部褐色，偏斜，无缘毛。穗状花序，苞片膜质，卵形。瘦果卵形，具3棱，黄褐色，包于宿存花被内。花果期一般在7—10月。

**生态习性：** 一般生长在海拔2300～5000 m的山坡草地、高山草甸上。

**西藏分布：** 拉萨、林周、当雄、墨竹工卡、昌都、江达、类乌齐、察雅、八宿、芒康、洛隆、措美、隆子、错那、南木林、定日、拉孜、定结、仲巴、亚东、吉隆、聂拉木、那曲、比如、聂荣、安多、索县、巴青、墨脱、察隅、朗县等。

**保护等级：** 未评估（IUCN：NE）。

# 珠芽蓼
（山谷子）

学名：*Polygonum viviparum* L.
科名：蓼科 Polygonaceae
属名：萹蓄属 *Polygonum*

**形态特征：** 多年生草本。根茎肥厚。基生叶长圆形或卵状披针形，先端尖或渐尖，基部圆形、心形或楔形，无毛，边缘脉端增厚，外卷，叶柄长，茎生叶披针形，近无柄，托叶鞘筒状，下部绿色，上部褐色，偏斜，无缘毛。花序穗状，紧密，下部生珠芽，苞片卵形，膜质。瘦果卵形，深褐色，有光泽，包于宿存花被内。花果期一般在5—9月。

**生态习性：** 一般生长在海拔2300～5000 m的山坡草地、高山草甸上。

**西藏分布：** 拉萨、当雄、曲水、昌都、江达、贡觉、类乌齐、八宿、左贡、芒康、曲松、洛扎、错那、江孜、定日、仁布、康马、定结、仲巴、亚东、吉隆、聂拉木、萨嘎、那曲、比如、聂荣、安多、索县、班戈、巴青、普兰、札达、噶尔、林芝、米林、墨脱、波密、察隅等。

**保护等级：** 未评估（IUCN：NE）。

# 小大黄

**学名：** *Rheum pumilum* Maxim.

**科名：** 蓼科 Polygonaceae

**属名：** 大黄属 *Rheum*

**形态特征：** 多年生草本。茎细，直立，疏被灰白色毛。基生叶卵状椭圆形或长椭圆形，近革质，先端圆，基部浅心形，全缘，茎生叶近披针形，托叶鞘短，膜质，常开裂，无毛。花梗细，基部具关节，花被片椭圆形或宽椭圆形，边缘紫红色。果三角形或三角状卵形，顶端具小凹，纵脉在翅中间。花果期一般在6—9月。

**生态习性：** 一般生长在海拔2800～4500 m的山坡或灌丛下。

**西藏分布：** 拉萨、昌都、江达、八宿、芒康、安多、申扎、索县等。

**保护等级：** 无危（IUCN：LC）。

# 平卧轴藜

学名：*Axyris prostrata* L.

科名：苋科 Amaranthaceae

属名：轴藜属 *Axyris*

**形态特征**：茎枝平卧或上升，密被星状毛，后期毛大部脱落。叶柄几与叶片等长，叶片宽椭圆形、卵圆形或近圆形，先端圆形，具小尖头，基部急缩并下延至柄，全缘，两面均被星状毛，中脉不明显。雄花花序头状，花被片膜质，倒卵形，背部密被星状毛，毛后期脱落。果实圆形或倒卵圆形，侧扁，两侧面具同心圆状皱纹，顶端附属物2，小，乳头状或有时不显。花果期一般为7—8月。

**生态习性**：一般生长在高海拔地区的河谷、阶地、多石山坡或草滩。

**西藏分布**：当雄、错那、定日、拉孜、亚东、安多、申扎、普兰、改则、措勤等。

**保护等级**：无危（IUCN：LC）。

# 簇生泉卷耳

**学名**：*Cerastium fontanum* subsp. vulgare
（Hartman）Greuter & Burdet
**科名**：石竹科 Caryophyllaceae
**属名**：卷耳属 *Cerastium*

**形态特征**：多年生或一年、两年生草本。茎单生或丛生，近直立，被白色短柔毛和腺毛。基生叶叶片近匙形或倒卵状披针形，基部渐狭呈柄状，两面被短柔毛；茎生叶近无柄，叶片卵形、狭卵状长圆形或披针形，顶端急尖或钝尖，两面均被短柔毛，边缘具缘毛。聚伞花序顶生；苞片草质；花梗细，密被长腺毛，花后弯垂；花瓣白色，倒卵状长圆形，等长或微短于萼片，顶端2浅裂，基部渐狭，无毛。蒴果圆柱形；种子褐色，具瘤状凸起。花期5—6月，果期6—7月。

**生态习性**：一般生长在海拔1200~2300 m的山地林缘杂草间或疏松沙质土壤中。

**西藏分布**：拉萨、林周、类乌齐、察雅、八宿、左贡、错那、南木林、定结、亚东、吉隆、聂拉木、索县、林芝、工布江达、米林、墨脱等。

**保护等级**：无危（IUCN：LC）。

# 藓状雪灵芝

**学名**：*Arenaria bryophylla* Fernald
**科名**：石竹科 Caryophyllaceae
**属名**：无心菜属 *Arenaria*

**形态特征**：多年生垫状草本。根粗壮，木质化。茎密丛生，基部木质化，下部密集枯叶。叶片针状线形，基部较宽，膜质，抱茎，边缘狭膜质，疏生缘毛，稍内卷，顶端急尖，上面凹下，下面凸起，呈三棱状，质稍硬，伸展或反卷，紧密排列于茎上。花单生，无梗；苞片披针形，基部较宽，边缘膜质，顶端尖，具1脉；花瓣白色，狭倒卵形，稍长于萼片；花盘碟状，花丝线形，花药椭圆形，黄色。花期6—7月。

**生态习性**：一般生长在海拔4200～5200 m的河滩石砾砂地、高山草甸和高山碎石带。

**西藏分布**：拉萨、当雄、芒康、加查、隆子、错那、定日、拉孜、仲巴、吉隆、聂拉木、萨嘎、那曲、安多、申扎、班戈、巴青、尼玛、阿里、普兰、札达、噶尔、日土、革吉、改则、措勤、米林等。

**保护等级**：无危（IUCN：LC）。

## 垫状蝇子草

**学名**：*Silene davidii*（Franchet）Oxelman & Lideeen
**科名**：石竹科 Caryophyllaceae
**属名**：蝇子草属 *Silene*

**形态特征**：多年生垫状草本。根圆柱形，稍粗壮，多分枝，褐色，具多头根颈。茎密丛生，极短，不分枝。基生叶叶片倒披针状线形，基部渐狭，顶端渐尖或急尖，两面无毛，边缘具粗短缘毛。花单生，直立，花梗比叶短，密被短柔毛；花瓣淡紫色或淡红色，爪狭楔形，无毛，耳卵形，瓣片露出花萼。蒴果圆柱形或圆锥形，微长于宿存萼。种子圆肾形，微扁，近平滑，脊锐，暗褐色。花期7—8月，果期9—10月。

**生态习性**：一般生长在海拔4100~4700 m的高山草甸等。

**西藏分布**：江达、那曲等。

**保护等级**：无危（IUCN：LC）。

# 腺毛蝇子草

**学名：** *Silene yetii* Bocquet
**科名：** 石竹科 Caryophyllaceae
**属名：** 蝇子草属 *Silene*

**形态特征：** 多年生草本，全株密被腺毛和黏液。主根垂直，粗壮，稍木质，多侧根。茎疏丛生，稀单生，粗壮，直立，不分枝或下部分枝，常带紫色。基生叶叶片倒披针形或椭圆状披针形，基部渐狭成长柄状，顶端急尖或钝，两面被腺毛，边缘和沿叶脉具硬毛，中脉明显；上部茎生叶叶片倒披针形至披针形，基部半抱茎。总状花序，稀更多；花微俯垂，后期直立，瓣片紫色或淡红色，轮廓近椭圆形，裂片狭椭圆状，副花冠片圆形，细小。蒴果卵形，比宿存萼短；种子肾形，灰褐色，两侧耳状凹，具线条纹，脊厚，具小瘤。花期7月，果期8月。

**生态习性：** 一般生长在海拔2700～4100 m的高山草地。

**西藏分布：** 昌都、丁青、那曲、林芝、米林等。

**保护等级：** 无危（IUCN：LC）。

# 隐瓣蝇子草

**学名**：*Silene gonosperma*（Rupr.）Bocquet
**科名**：石竹科 Caryophyllaceae
**属名**：蝇子草属 *Silene*

**形态特征**：多年生草本。根具多头根颈。茎疏丛生或单生，不分枝，密被柔毛，上部被腺毛及黏液。基生叶莲座状，线状倒披针形，基部渐窄成柄状，两面被柔毛，具缘毛；茎生叶披针形，基部连合。花单生，俯垂；花梗密被腺柔毛：花瓣紫色，内藏，稀微伸出花萼，爪楔形，具耳，瓣片2浅裂。蒴果椭圆状卵圆形。种子扁圆形，褐色种脊具翅。花期6—7月，果期7—8月

**生态习性**：一般生长在海拔1600～4400 m的高山草甸。

**西藏分布**：错那、班戈、普兰、察隅等。

**保护等级**：无危（IUCN：LC）。

# 变黑蝇子草

**学名**：*Silene nigrescens*（Edgew.）Majumdar
**科名**：石竹科 Caryophyllaceae
**属名**：蝇子草属 *Silene*

**形态特征**：多年生小草本。根粗壮，常具多头根颈。茎丛生，直立，单一，常不分枝，被腺毛。基生叶莲座状，叶片线形或狭倒披针形，基部渐狭成柄状，顶端急尖，两面均被微柔毛，灰绿色或黑绿色，背面中脉凸起，边缘基部具疏缘毛；茎生叶叶片线形或狭披针形。花单生，微俯垂，花后期直立，密被腺柔毛；花瓣露出，花萼爪匙状倒卵形，具耳，基部具绵毛状缘毛，瓣片轮廓宽倒卵形，黑紫色，副花冠片近楔状，顶平截，具圆齿。蒴果近圆球形。种子三角状肾形，压扁，亮褐色。花果期一般在7—9月。

**生态习性**：一般生长在海拔3800～4200 m的高山草甸。

**西藏分布**：八宿、错那、亚东、聂拉木、米林。

**保护等级**：未评估（IUCN：NE）。

# 白蓝翠雀花

**学名**：*Delphinium albocoeruleum* Maxim.
**科名**：毛茛科 Ranunculaceae
**属名**：翠雀属 *Delphinium*

**形态特征**：多年生草本。基生叶开花时不枯萎或枯萎，莲生叶五角形，一回裂片有时浅裂，常一至二回稍深裂，小裂片窄卵形、披针形或线形，两面疏被柔毛。伞房花序，小苞片生于花梗近顶部或与花靠接，匙状线形；萼片蓝紫或蓝白色，被柔毛，花距圆筒状钻形或钻形，花瓣无毛；退化雄蕊黑褐色，瓣片卵形，腹面中央被黄色髯毛，花丝疏被短毛。种子四面体形，具鳞状横翅。花果期一般在7—9月。

**生态习性**：一般生长在海拔3600～4700 m 的山地草坡或圆柏林下。

**西藏分布**：西藏东北部（比如等）。

**保护等级**：未评估（IUCN：NE）。

# 毛翠雀花

**学名：** *Delphinium trichophorum* Franch.
**科名：** 毛茛科 Ranunculaceae
**属名：** 翠雀属 *Delphinium*

**形态特征：** 多年生草本。茎高（25）30～65 cm，被糙毛，有时变无毛。叶3～5生茎的基部或近基部处，有长柄；叶片肾形或圆肾形，与短距翠雀花相似，深裂片互相覆压或稍分开，两面疏糙伏毛，有时变无毛。总状花序狭长；小苞片位花梗上部或近顶端，贴于萼上，卵形至宽披针形，密被长糙毛；萼片淡蓝色或紫色，上萼片船状卵形，花距下垂，钻状圆筒形，末端钝；花瓣顶端微凹或2浅裂，无毛，偶尔疏被硬毛；退化雄蕊瓣片卵形，2浅裂，无毛或有疏糙毛；雌蕊无毛；子房密被紧贴的短毛。种子四面体形，沿棱有狭翅。花果期一般在8—10月。

**生态习性：** 一般生长在海拔3350～4600 m的高山草坡。

**西藏分布：** 昌都、江达、丁青、比如、巴青等。

**保护等级：** 未评估（IUCN：NE）。

# 囊距翠雀花

学名：*Delphinium brunonianum* Royle

科名：毛茛科 Ranunculaceae

属名：翠雀属 *Delphinium*

**形态特征：** 多年生草本。茎高达22～34 cm，被开展白色柔毛，常兼有黄色腺毛。基生叶及茎下部叶具长柄；叶肾形，基部骤窄呈楔形，掌状深裂或达基部，二回裂片覆叠或靠接，具缺刻状小裂片及粗牙齿，疏被柔毛。花序具2～4花，花梗直展，小苞片生于花梗中部或上部，椭圆形；萼片蓝紫色，花瓣先端2浅裂，疏被糙毛；退化雄蕊具长爪，雄蕊无毛，子房疏被毛。种子扁四面体形，沿棱具翅。花果期一般在8—9月。

**生态习性：** 一般生长在海拔4500～6000 m的草地或多石处。

**西藏分布：** 拉萨、林周、尼木、浪卡子、南木林、定日、申扎、察隅等。

**保护等级：** 无危（IUCN：LC）。

# 毛茛状金莲花

**学名：** *Trollius ranunculoides* Hemsl.
**科名：** 毛茛科 Ranunculaceae
**属名：** 金莲花属 *Trollius*

**形态特征：** 多年生草本。植株全部无毛，茎1~3条，不分枝。叶基生叶数枚，茎生叶1~3枚，常生茎中下部，叶片圆五角形或五角形。单花顶生，黄色，干时稍绿色，倒卵形。种子椭圆状球形，有光泽。花果期一般在5—8月。

**生态习性：** 一般生长在海拔2900~4100 m的山地草坡、水边草地或林中。

**西藏分布：** 昌都、江达、类乌齐、八宿、左贡、芒康、隆子、嘉黎、察隅等。

**保护等级：** 无危（IUCN：LC）。

# 花莛驴蹄草

**学名**：*Caltha scaposa* Hook. f. et Thoms.

**科名**：毛茛科 Ranunculaceae

**属名**：驴蹄草属 *Caltha*

**形态特征**：多年生矮草本。植株全部无毛，具多数肉质须根。茎单一或数条，有时多达10条，直立或渐升。无叶或上部生1（2）叶，叶腋无花或具1花；叶心状卵形或三角状卵形，稀肾形，基部深心形，全缘或波状，有时叶下部边缘有疏齿。花常单生茎端，黄色，倒卵形、椭圆形或卵形。花果期一般在6—9月。

**生态习性**：一般生长在海拔2800～4100 m的高山湿草甸或山谷沟边湿草地。

**西藏分布**：拉萨、达孜、墨竹工卡、贡觉、类乌齐、察雅、八宿、左贡、芒康、洛隆、琼结、加查、错那、江孜、定日、定结、亚东、吉隆、聂拉木、嘉黎、索县、巴青、林芝、工布江达、察隅、朗县等。

**保护等级**：无危（IUCN：LC）。

# 三裂碱毛茛

**学名**：*Halerpestes tricuspis*（Maxim.）Hand.-Mazz.

**科名**：毛茛科 Ranunculaceae

**属名**：碱毛茛属 *Halerpestes*

**形态特征**：多年生草本。匍匐茎细。叶具长柄，无毛；叶革质，宽菱形或菱形，基部楔形或宽楔形。单花顶生，萼片椭圆状卵形。聚合果球形。花果期一般在5—8月。

**生态习性**：一般生长在海拔3000~5000 m的盐碱性湿草地。

**西藏分布**：拉萨、昌都、丁青、八宿、措美、日喀则、定日、昂仁、仁布、康马、仲巴、吉隆、聂拉木、萨嘎、那曲、申扎、班戈、阿里、普兰、札达、噶尔、日土、改则、措勤等。

**保护等级**：未评估（IUCN：NE）。

# 高原毛茛

**学名：** *Ranunculus tanguticus*（Maxim.）Ovcz.
**科名：** 毛茛科 Ranunculaceae
**属名：** 毛茛属 *Ranunculus*

**形态特征：** 多年生草本。茎被柔毛。基生叶5以上，叶五角形或宽卵形，基部心形，两面或下面被柔毛。顶生花序，花托被柔毛。瘦果倒卵状球形，无毛。花果期一般在6—10月。

**生态习性：** 一般生长在海拔3000～4500 m的山坡或沟边沼泽湿地。

**西藏分布：** 拉萨、曲水、昌都、江达、类乌齐、八宿、芒康、山南、加查、南木林、江孜、拉孜、昂仁、定结、仲巴、亚东、聂拉木、申扎、索县、巴青、普兰、林芝、米林、波密、察隅等。

**保护等级：** 未评估（IUCN：NE）。

# 长茎毛茛

**学名**：*Ranunculus nephelogenes* var. *longicaulis*（Trautvetter）W. T. Wang

**科名**：毛茛科 Ranunculaceae

**属名**：毛茛属 *Ranunculus*

**形态特征**：多年生草本。须根伸长扭曲。茎直立，无毛或生细毛。基生叶多数，叶片长椭圆形至线状披针形，全缘，不分裂。花单生于茎顶和分枝顶端，黄色。聚合果卵球形。花果期一般在3—8月。

**生态习性**：一般生长在海拔1800～4000 m的沼泽水旁草地。

**西藏分布**：昌都、左贡、芒康、错那、普兰、日土等。

**保护等级**：无危（IUCN：LC）。

# 云生毛茛

学名：*Ranunculus nephelogenes* Edgeworth
科名：毛茛科 Ranunculaceae
属名：毛茛属 *Ranunculus*

**形态特征：** 多年生草本。茎顶部疏被柔毛。基生叶，无毛，叶卵形、长圆形、披针形或披针状线形，基部楔形、宽楔形或圆形，全缘；茎生叶披针状线形，不裂，渐小。单花顶生，花托无毛或疏被毛。瘦果卵球形，无毛。花果期一般在6—8月。

**生态习性：** 一般生长在海拔3000～5000 m的高山草甸、河滩湖边及沼泽草地。

**西藏分布：** 拉萨、曲水、墨竹工卡、昌都、江达、八宿、芒康、边坝、浪卡子、南木林、江孜、定日、萨迦、拉孜、定结、仲巴、吉隆、聂拉木、萨嘎、那曲、嘉黎、比如、安多、班戈、普兰、札达、噶尔、日土、林芝、米林、波密、察隅等。

**保护等级：** 未评估（IUCN：NE）。

# 水毛茛

学名：*Batrachium bungei*（Steud.）L. Liou
科名：毛茛科 Ranunculaceae
属名：水毛茛属 *Batrachium*

**形态特征**：多年生沉水草本。茎无毛或在节上有疏毛。叶有短或长柄，叶片轮廓近半圆形或扇状半圆形，在水外通常收拢或近叉开，无毛或近无毛。花瓣白色，基部黄色，倒卵形，花托有毛。聚合果卵球形。花果期一般在5—8月。

**生态习性**：一般生长在海拔1900～3000 m的高山草地。

**西藏分布**：拉萨、尼木、墨竹工卡、江达、八宿、洛隆、错那、萨迦、普兰、林芝、米林等。

**保护等级**：未评估（IUCN：NE）。

## 美花草

**学名**：*Callianthemum pimpinelloides*
（D. Don） Hook. f. et Thoms.
**科名**：毛茛科 Ranunculaceae
**属名**：美花草属 *Callianthemum*

**形态特征**：多年生草本。根状茎块状、圆锥状或呈不规则形状，其上有褐色膜质鳞片，周围长出发达纤维状的根。叶片长圆形、长圆状披针形或卵状长圆形，先端急尖，基部微心形、截形或下延而连于叶柄，上面深绿色，下面淡绿色，有突起3～5条弧形脉，托叶膜质。花单生于茎顶，萼筒管漏斗状；萼片披针形或长圆披针形。蒴果3裂。种子多数，褐色，有光泽。花果期一般在7—9月。

**生态习性**：一般生长在海拔3100～4500 m的山谷潮湿地、沼泽草甸或河滩上。

**西藏分布**：丁青、措美、浪卡子、定日、萨迦、定结、仲巴、吉隆、聂拉木、那曲、嘉黎、安多、申扎、索县、班戈、工布江达、波密等。

**保护等级**：无危（IUCN：LC）。

# 高山唐松草

学名：*Thalictrum alpinum* L.

科名：毛茛科 Ranunculaceae

属名：唐松草属 *Thalictrum*

**形态特征：** 多年生草本。全株无毛。叶基生，二回羽状复叶，小叶薄革质，圆菱形、菱状宽倒卵形或倒卵形。苞片小，窄卵形，花丝丝状，花药窄长圆形，具小尖头。瘦果稍扁，长椭圆形，无柄。花果期一般在6—8月。

**生态习性：** 一般生长在海拔4360～5300 m的高山草地、山谷阴湿处或沼泽地。

**西藏分布：** 江达、类乌齐、八宿、芒康、错那、定日、萨迦、拉孜、仲巴、亚东、聂拉木、索县、班戈、普兰、札达、噶尔、日土、改则、林芝、察隅等。

**保护等级：** 未评估（IUCN：NE）。

# 石砾唐松草

**学名**：*Thalictrum squamiferum* Lecoy.

**科名**：毛茛科 Ranunculaceae

**属名**：唐松草属 *Thalictrum*

**形态特征**：多年生草本。全株无毛。茎渐升或直立，下部埋在石砾中，节处具鳞叶。茎中部叶柄短，3～4回羽状复叶；小叶薄革质，卵形、三角状宽卵形或心形，全缘，脉不明显。花单生茎上部叶腋，花丝丝状，花药窄长圆形，具小尖头，柱头箭头形。瘦果稍扁，宽椭圆形。花果期一般在7月。

**生态习性**：一般生长在海拔3600～5000 m的山地多石砾山坡、河岸石砾砂地或林边。

**西藏分布**：丁青、八宿、江孜、定日、仲巴、亚东、吉隆、索县、阿里、札达、察隅等。

**保护等级**：无危（IUCN：LC）。

# 伏毛铁棒锤

**学名**：*Aconitum flavum* Hand.-Mazz.
**科名**：毛茛科 Ranunculaceae
**属名**：乌头属 *Aconitum*

**形态特征**：多年生草本。块根胡萝卜形。茎高达1 m，中下部无毛，中部或上部被反曲而紧贴的短柔毛。密生多数叶，通常不分枝；茎下部叶在开花时枯萎，中部叶有短柄；叶片宽卵形。顶生总状花序窄长，轴及花梗密被紧贴短柔毛；下部苞片似叶，中上部的苞片线形，小苞片生花梗顶部，线形；萼片黄色带绿色，或暗紫色，被短柔毛，上萼片盔状船形。蓇葖果无毛。种子倒卵状三菱形，光滑，沿棱具窄翅。花果期一般在8月。

**生态习性**：一般生长在海拔2000～3700 m的山地草坡或疏林下。

**西藏分布**：昌都、江达、八宿、加查、比如、安多、申扎、改则、朗县等。

**保护等级**：无危（IUCN：LC）。

# 脱萼鸦跖花

**学名**：*Oxygraphis delavayi* Franch.
**科名**：毛茛科 Ranunculaceae
**属名**：鸦跖花属 *Oxygraphis*

**形态特征**：多年生草本。须根褐色。茎高达15 cm，无毛。基生叶多数，肾状圆形、圆形或卵圆形，基部心形，具钝圆齿，无毛，基部具褐色膜质宽鞘。单花顶生，稀分枝具2~3花，苞片线形或卵形。聚合果卵圆形。花果期一般在5—8月。

**生态习性**：一般生长在海拔4400~5000 m的高山草甸或岩坡。

**西藏分布**：墨脱、波密、嘉黎县等。

**保护等级**：近危（IUCN：NT）。

# 草玉梅

**学名**：*Anemone rivularis* Buch.-Ham.

**科名**：毛茛科 Ranunculaceae

**属名**：银莲花属 *Anemone*

**形态特征**：多年生草本。根状茎木质，垂直或稍斜。叶片肾状五角形，叶柄长，有白色柔毛，基部有短鞘。聚伞花序，萼片白色，倒卵形或椭圆状倒卵形，外面有疏柔毛，顶端密被短柔毛。瘦果狭卵球形，稍扁。花果期一般在5—8月。

**生态习性**：一般生长在海拔2700～4900 m的山地草坡、小溪边或湖边。

**西藏分布**：拉萨、林周、曲水、江达、察雅、八宿、芒康、乃东、琼结、定日、拉孜、亚东、吉隆、聂拉木、索县、普兰、林芝、工布江达、米林、墨脱、波密、察隅等。

**保护等级**：未评估（IUCN：NE）。

# 叠裂银莲花

学名：*Anemone imbricata* Maxim.
科名：毛茛科 Ranunculaceae
属名：银莲花属 *Anemone*

**形态特征：**多年生草本。根状茎。基生叶有长柄，叶片椭圆状狭卵形。花直立或渐升，密被长柔毛，萼片白色、紫色或黑紫色，倒卵状长圆形或倒卵形；花药椭圆形。花果期一般在5—8月。

**生态习性：**一般生长在海拔3200～5300 m的高山草坡或灌丛中。

**西藏分布：**达孜、昌都、江达、左贡、芒康、错那、南木林、定结、亚东、吉隆、比如、安多、索县、班戈等。

**保护等级：**无危（IUCN：LC）。

# 匙叶银莲花

**学名：** *Anemone trullifolia* Hook. f. et Thoms.
**科名：** 毛茛科 Ranunculaceae
**属名：** 银莲花属 *Anemone*

**形态特征：** 多年生草本。根茎短，垂直。叶菱状倒卵形或宽菱形，基部宽楔形或楔形，3浅裂，具牙齿，两面密被长柔毛。苞片无柄，窄倒卵形或长圆形，萼片黄色，倒卵形。花果期一般在5—6月。

**生态习性：** 一般生长在海拔4100～4500 m的高山草地或沟边。

**西藏分布：** 错那、定日、定结、亚东等。

**保护等级：** 未评估（IUCN：NE）。

# 条叶银莲花

学名：*Anemone coelestina* var. *linearis* （Bruhl）Ziman & B. E. Dutton

科名：毛茛科 Ranunculaceae

属名：银莲花属 *Anemone*

形态特征：多年生草本。与匙叶银莲花的区别：叶较狭，线状倒披针形、倒披针形或匙形，基部渐狭，不分裂，顶端有3（~6）锐齿，偶尔全缘或不明显3浅裂。萼片白色、蓝色或黄色。花果期一般在6—9月。

生态习性：一般生长在海拔3500~5000 m的高山草地或灌丛中。

西藏分布：拉萨、墨竹工卡、昌都、江达、贡觉、丁青、八宿、芒康、洛隆、措美、错那、南木林、康马、亚东、聂拉木、那曲、嘉黎、比如、安多、索县、班戈、普兰、林芝等。

保护等级：无危（IUCN：LC）。

# 多刺绿绒蒿

学名：*Meconopsis horridula* Hook. f. et Thoms.

科名：罂粟科 Papaveraceae

属名：绿绒蒿属 *Meconopsis*

**形态特征：** 一年生草本。主根肥厚，叶、萼片及蒴果均被黄褐色尖刺。花瓣（4）5～8，宽倒卵形，蓝紫色；花丝丝状；柱头圆锥状。果倒卵形或椭圆形，稀宽卵圆形，顶端至上部3～5瓣裂。种子肾形，具窗格状网纹。花果期一般为6—9月。

**生态习性：** 一般生长在海拔3600～5100 m的草坡。

**西藏分布：** 拉萨、当雄、昌都、左贡、芒康、措美、南木林、定日、定结、仲巴、亚东、吉隆、聂拉木、萨嘎、比如、安多、申扎、阿里、革吉、改则、措勤、林芝、察隅、朗县等

**保护等级：** 近危（IUCN：NT）。

# 全缘叶绿绒蒿

**学名：** *Meconopsis integrifolia*（Maxim.）Franch.

**科名：** 罂粟科 Papaveraceae

**属名：** 绿绒蒿属 *Meconopsis*

**形态特征：** 一年生至多年生草本。全体被锈色和金黄色平展或反曲、具多短分枝的长柔毛。根向下渐狭，具侧根和纤维状细根。茎粗壮，不分枝，具纵条纹，幼时被毛，老时近无毛，基部盖以宿存的叶基。基生叶莲座状，其间常混生鳞片状叶，叶片倒披针形、倒卵形或近匙形，先端圆或锐尖，基部渐狭并下延成翅，至叶柄近基部又逐渐扩大，两面被毛，边缘全缘且毛较密。花生最上部茎生叶腋内，有时也生于下部茎生叶腋内；花瓣近圆形至倒卵形，黄色或稀白色，干时具褐色纵条纹。蒴果宽椭圆状长圆形至椭圆形，疏或密被金黄色或褐色、平展或紧贴、具多短分枝的长硬毛；种子近肾形。花果期一般为5—11月。

**生态习性：** 一般生长在海拔2700~5100 m的草坡或林下。

**西藏分布：** 墨竹工卡、昌都、类乌齐、左贡、芒康、错那、索县、林芝、波密、察隅等。

**保护等级：** 未评估（IUCN：NE）。

# 尖突黄堇

学名：*Corydalis mucronifera* Maxim.

科名：罂粟科 Papaveraceae

属名：紫堇属 *Corydalis*

**形态特征：** 一年生草本。主根肥厚，叶、萼片及蒴果均被黄褐色尖刺。花瓣（4）5～8，宽倒卵形，蓝紫色；花丝丝状。柱头圆锥状。果倒卵形或椭圆形，稀宽卵圆形，顶端至上部3～5瓣裂。种子肾形，具窗格状网纹。花果期一般为6—9月。

**生态习性：** 一般生长在海拔3600～5100 m的草坡。

**西藏分布：** 拉萨、当雄、昌都、左贡、芒康、措美、南木林、定日、定结、仲巴、亚东、吉隆、聂拉木、萨嘎、比如、安多、申扎、阿里、革吉、改则、措勤、林芝、察隅、朗县等。

**保护等级：** 近危（IUCN：NT）。

# 浪穹紫堇

**学名：** *Corydalis pachycentra* Franch.
**科名：** 罂粟科 Papaveraceae
**属名：** 紫堇属 *Corydalis*

**形态特征：** 粗壮小草本。须根多数成簇，中部纺锤状肉质增粗，具柄，末端线状延长。茎直立，常带紫色，不分枝，上部粗，下部裸露，近基部变细。基生叶叶柄纤细，叶片轮廓近圆形，全裂，表面深绿色，背面灰绿色，纵脉明显；茎生叶多生于中部，无柄，叶片掌状深裂至近基部，裂片线形或长圆状线形，先端钝或急尖。总状花序顶生，花瓣蓝色或蓝紫色，花瓣片舟状宽卵形，向上弯曲，先端钝，背部鸡冠状突起，自瓣片先端延伸至其末端消失。蒴果椭圆状长圆形，成熟时自果梗先端反折。花果期5—9月。

**生态习性：** 一般生长在海拔3500～4200 m的林下、灌丛下、草地或石隙间。

**西藏分布：** 左贡、八宿、波密、索县等。

**保护等级：** 无危（IUCN：LC）。

# 拟锥花黄堇

**学名**：*Corydalis hookeri* Prain
**科名**：罂粟科 Papaveraceae
**属名**：紫堇属 *Corydalis*

**形态特征**：多年生丛生草本。主根圆柱形；根茎较细，疏被褐色披针形鳞片。茎具叶，分枝。基生叶少，叶柄与叶片近等长，基部鞘状；叶2回羽状全裂，茎生叶互生，具短柄。复总状圆锥花序顶生；花冠暗黄色，外花瓣渐尖，有或无鸡冠状突起。蒴果卵圆形或长圆形，种子近肾形，种阜小。花果期8—9月。

**生态习性**：一般生长在海拔3700～5000 m的高山草原或流石滩。

**西藏分布**：拉萨、加查、浪卡子、定日、仲巴、吉隆、聂拉木等。

**保护等级**：无危（IUCN：LC）。

# 藏芹叶荠

**学名:** *Smelowskia tibetica*
**科名:** 十字花科 Brassicaceae
**属名:** 芹叶荠属 *Smelowskia*

**形态特征:** 多年生草本。全株有单毛及分叉毛。茎铺散,基部多分枝。叶羽状全裂,先端骤尖,全缘或有缺刻;基生叶有柄,茎生叶近无柄至无柄;茎被柔毛,棱及上部毛密。短角果长圆形,果瓣有中脉。种子卵圆形,棕色。花果期一般6—8月。

**生态习性:** 一般生长在海拔4400~5300 m的山坡、草地、湖边、河滩等。

**西藏分布:** 当雄、昌都、丁青、仲巴、萨嘎、比如、安多、申扎、班戈、阿里、日土、措勤等。

**保护等级:** 无危(IUCN:LC)。

# 头花独行菜

**学名**：*Lepidium capitatum* J. D. Hooker et Thomson

**科名**：十字花科 Brassicaceae

**属名**：独行菜属 *Lepidium*

**形态特征**：一年或两年生草本。茎匍匐或近直立，多分枝，披散，具腺毛。基生叶及下部叶羽状半裂，基部渐狭成叶柄或无柄，裂片长圆形，顶端急尖，全缘，两面无毛；上部叶相似但较小，羽状半裂或仅有锯齿，无柄。总状花序腋生，花紧密排列近头状；花瓣白色，倒卵状楔形，和萼片等长或稍短，顶端凹缺。短角果卵形，顶端微缺，无毛，有不明显翅。种子长圆状卵形，浅棕色。花果期一般5—9月。

**生态习性**：一般生长在海拔3000 m左右的山坡。

**西藏分布**：拉萨、昌都、八宿、左贡、芒康、洛隆、边坝、措美、错那、日喀则、江孜、萨迦、昂仁、仁布、仲巴、亚东、吉隆、聂拉木、萨嘎、那曲、安多、申扎、班戈、普兰、札达、日土、改则、措勤、林芝等。

**保护等级**：无危（IUCN：LC）。

# 泉沟子荠

**学名**：*Taphrospermum fontanum*
（Maximowicz）Al-Shehbaz & G. Yang
**科名**：十字花科 Brassicaceae
**属名**：沟子荠属 *Taphrospermum*

**形态特征**：多年生草本。根肉质，纺锤形。茎多数，丛生，基部匍匐，后上升，分枝，有单毛。基生叶在花期枯萎；茎生叶宽卵形或长圆形，顶端圆形，基部圆形或楔形，全缘或每侧有1齿，两面无毛，上部茎生叶较小，有短叶柄。总状花序在茎端密生，下部花单生叶腋，外面上方稍有柔毛；花瓣白色或浅紫色，顶端尖凹，下部有短爪。短角果宽卵形或宽倒三角形，无隔膜；果梗直立，开展，稍具柔毛。种子宽卵形，棕色。花果期6—8月。

**生态习性**：一般生长在海拔4000～5000 m的高山草地。

**西藏分布**：昌都、丁青、边坝、错那、比如、安多、朗县等。

**保护等级**：未评估（IUCN：NE）。

# 尖果寒原荠

学名：*Aphragmus oxycarpus*
（Hook. f. et Thoms.）Jafri
科名：十字花科 Brassicaceae
属名：寒原荠属 *Aphragmus*

**形态特征：** 多年生草本。被单毛与二叉毛，尤以花梗上为密。茎直立，近地面分枝，基部有残存叶柄，茎下部深红色。基生叶密集，叶片窄卵圆形或匙形，顶端钝，基部渐窄成柄，全缘或有1对齿，上部茎生叶入花序的成苞片状。花序呈疏松的伞房状；花瓣白色或淡紫色，卵圆形，顶端钝或微缺。短角果长圆状披针形，顶端渐细；花序轴不伸长，短角果密集。种子卵圆形，淡棕色。花果期一般在7月。

**生态习性：** 一般生长在海拔4400 m的山顶草丛中。

**西藏分布：** 拉萨、丁青、芒康、错那、浪卡子、定日、拉孜、仲巴、吉隆、聂拉木、嘉黎、安多、申扎、索县、班戈、普兰、札达、噶尔、日土、革吉、林芝、察隅等。

**保护等级：** 无危（IUCN：LC）。

## 腺花旗杆

**学名**：*Dontostemon glandulosus*
（Karelin & Kirilov）O. E. Schulz

**科名**：十字花科 Brassicaceae

**属名**：花旗杆属 *Dontostemon*

**形态特征**：一年生草本。茎多数呈铺散状，分枝或直立，植株具腺毛和单毛。单叶互生，长椭圆形，边缘具2～3对篦齿状缺刻或羽状深裂，两面皆被黄色腺毛和白色单毛。总状花序生枝顶，花序短缩，结果时渐延长；花瓣宽楔形，顶端全缘，基部具短爪。长角果圆柱形，具腺毛；果梗在总轴上斜上着生。种子褐色而小，椭圆形，无膜质边缘。花果期一般在6—9月。

**生态习性**：一般生长在海拔1900～5100 m的山坡草地、高山草甸、河边砂地、山沟灌丛或石缝中。

**西藏分布**：拉萨、当雄、左贡、芒康、边坝、措美、隆子、南木林、定日、萨迦、昂仁、康马、仲巴、聂拉木、萨嘎、那曲、比如、安多、申扎、索县、班戈、普兰、札达、噶尔、日土、改则、措勤、林芝等。

**保护等级**：无危（IUCN：LC）。

# 密序山萮菜

**学名**：*Eutrema heterophyllum*
（W. W. Smith）H. Hara
**科名**：十字花科 Brassicaceae
**属名**：山萮菜属 *Eutrema*

**形态特征**：多年生草本，无毛。根粗。茎常数枝丛生。叶大部基生，基生叶大，叶片卵圆形或长圆形，顶端钝圆或钝尖，基部常歪斜，全缘；茎生叶叶柄短，向上渐短至无柄，叶片小，下部椭圆形，向上渐窄小成宽条形。花序密集成头状，果期不伸长；花未见（记录为淡黄色）。长角果披针形；果瓣梢成龙骨状隆起，顶端渐尖，基部钝，中脉明显；隔膜膜质，于中下部穿孔。种子长圆形或卵状长圆形，棕褐色。花果期一般在9月。

**生态习性**：一般生长在海拔4900～5100 m的山顶流石坡上。

**西藏分布**：达孜、芒康、嘉黎、比如、聂荣、安多、察隅等。

**保护等级**：无危（IUCN：LC）。

## 紫花糖芥

**学名**：*Erysimum funiculosum* J. D. Hooker & Thomson

**科名**：十字花科 Brassicaceae

**属名**：糖芥属 *Erysimum*

**形态特征**：多年生矮小草本。茎短缩，根颈多头或再分枝。基生叶莲座状，叶长圆状线形，先端尖，基部渐窄，全缘，无茎生叶；花葶多数，直立，果期不外折；萼片长圆形，背面凸出；花瓣淡紫色，窄匙形，先端圆或平截，有脉纹，基部具爪；长角果具4棱，坚硬，顶端稍弯；果柄斜上；种子卵圆形或长圆形。花果期一般6—8月。

**生态习性**：生于海拔4600～5500 m的高山草甸或流石滩。

**西藏分布**：丁青、芒康、措美、南木林、定日、萨迦、拉孜、仲巴、聂拉木、比如、安多、索县、班戈、普兰、噶尔、日土、改则等。

**保护等级**：无危（IUCN：LC）。

# 毛叶葶苈

学名：*Draba lasiophylla* Royle

科名：十字花科 Brassicaceae

属名：葶苈属 *Draba*

**形态特征**：多年生丛生草本。茎单一，纤细，被星状毛和分枝毛，直达小花梗。基生叶莲座状长圆形，全缘或有细齿，两面密生小星状毛，分枝毛，毛灰白色，边缘近基部有单缘毛；茎生叶卵形或长卵形，全缘或略有细齿，无柄，被有与基生叶相同的毛。总状花序密集成近于头状，下面数花有叶状苞片，结实时略伸长，但通常在顶端的果实排列仍较紧密；小花梗短；花瓣白色，长倒卵形。短角果卵形，顶端渐尖，被单毛及叉状毛。果梗丝状，斜向上伸展。花果期一般在7—8月。

**生态习性**：一般生长在海拔4000～5000 m的山坡岩石上、石隙间。

**西藏分布**：错那、聂拉木、嘉黎、札达、日土、察隅等。

**保护等级**：无危（IUCN：LC）。

# 球果葶苈

学名：*Draba glomerata* Royle
科名：十字花科 Brassicaceae
属名：葶苈属 *Draba*

形态特征：多年生矮小草本。茎被灰白色单毛、叉状毛和近星状分枝毛。基生叶椭圆形或长卵形，茎生叶长卵形，全缘或有齿，两侧不等，无柄；叶均密被毛、叉状毛、星状毛或分枝毛。总状花序密集成头状，常有叶状苞片及总苞片；花瓣白色；短角果长椭圆形，无毛，或有单毛和叉状毛。花果期一般在6—7月。

生态习性：一般生长在海拔2900～5500 m的山坡草地、河边砂土地、高山沼泽地及砾石质草甸。

西藏分布：丁青、措美、隆子、定日、拉孜、吉隆、聂拉木、安多、申扎、班戈、普兰、札达、日土、改则、措勤、察隅等。

保护等级：无危（IUCN：LC）。

# 喜山葶苈

学名：*Draba oreades* Schrenk
科名：十字花科 Brassicaceae
属名：葶苈属 *Draba*

**形态特征：** 多年生矮小草本。茎下部宿存鳞片状枯叶，上部叶丛生成莲座状，有时互生；叶长圆形、倒卵状楔形或披针形，先端钝，基部楔形，全缘，有时有锯齿，下面和叶缘有单毛、叉状毛和星状毛，或有少量不规则分枝毛，上面有时近无毛。花茎无叶，稀有1叶，密被长单毛及叉状毛；总状花序近头状；花瓣黄色，倒卵形。果序轴不伸长或稍伸长；短角果短宽卵形或尖卵形，顶端渐尖，基部圆钝，无毛，稀有毛。种子卵圆形，褐色。花果期一般在6—8月。

**生态习性：** 一般生长在海拔3000~5300 m的高山岩石边及高山石砾沟边裂缝中。

**西藏分布：** 达孜、类乌齐、左贡、芒康、错那、定日、萨迦、定结、仲巴、吉隆、比如、班戈、日土、米林、察隅。

**保护等级：** 无危（IUCN：LC）。

# 大花红景天
（大叶红景天）

**学名**：*Rhodiola crenulata*
（Hook. f. et Thoms.）H. Ohba
**科名**：景天科 Crassulaceae
**属名**：红景天属 *Rhodiola*

**形态特征**：多年生草本。地上根颈短，残存茎少数，干后黑色；不育枝直立，顶端密生叶，叶宽倒卵形；叶有短的假柄，椭圆状长圆形或近圆形，全缘、波状或有圆齿；花茎多，直立或扇状排列，稻秆色或红色；种子倒卵形，两端有翅。花果期一般在6—8月。

**生态习性**：一般生长在海拔2800～5600 m的山坡草地、灌丛中、石缝中。

**西藏分布**：拉萨、左贡、芒康、隆子、南木林、定日、拉孜、定结、仲巴、亚东、聂拉木、嘉黎、申扎、巴青、普兰、林芝、波密、察隅、朗县等。

**保护等级**：濒危（IUCN：EN）。

# 长鞭红景天

**学名**：*Rhodiola fastigiata*
（Hook. f. et Thoms.） S. H. Fu
**科名**：景天科 Crassulaceae
**属名**：红景天属 *Rhodiola*

**形态特征**：多年生草本。根基部鳞片三角形。叶互生，线状长圆形、线状披针形、椭圆形或倒披针形，先端钝，全缘，被微乳头状凸起，基部无柄。花着生主轴顶端，花序伞房状，花瓣红色，长圆状披针形。蓇葖果，直立，先端稍外弯。花果期一般在6—9月。

**生态习性**：一般生长在海拔2500～5400 m的山坡石缝中。

**西藏分布**：拉萨、左贡、芒康、隆子、南木林、定日、拉孜、定结、仲巴、亚东、聂拉木、嘉黎、申扎、巴青、普兰、林芝、波密、察隅、朗县等。

**保护等级**：无危（IUCN：LC）。

# 小景天

**学名**：*Sedum fischeri* Raymond-Hamet

**科名**：景天科 Crassulaceae

**属名**：景天属 *Sedum*

**形态特征**：多年生草本。叶宽线形至狭长圆形，先端钝，基部有圆钝距。花序伞房状，有少数花，苞片叶状，花黄色，为五基数，有短柄；花瓣半长圆形，先端钝，基部离生。蓇葖含种子4~8粒，种子长圆状卵形，有细乳头状突起。花果期一般在7—9月。

**生态习性**：一般生长在海拔4300~5600 m的山坡草甸或山坡石缝中。

**西藏分布**：拉萨、乃东、南木林、定日、亚东、安多、措勤、林芝等。

**保护等级**：无危（IUCN：LC）。

# 棒腺虎耳草

**学名**：*Saxifraga consanguinea* W. W. Smith
**科名**：虎耳草科 Saxifragaceae
**属名**：虎耳草属 *Saxifraga*

**形态特征**：多年生草本。茎不分枝，被腺毛，鞭匐枝出自茎基部叶腋，丝状，疏具腺柔毛，先端通常具芽。基生叶密集，呈莲座状，稍肉质，狭椭圆形、狭倒卵形至近匙形；茎生叶较疏，稍肉质，长圆形、披针形至倒披针状线形，背面与边缘具腺毛。单花生于茎顶，花梗被腺毛，花瓣红色，革质，近圆形、阔卵形、倒阔卵形至卵形。花果期一般在6—9月。

**生态习性**：一般生长在海拔3800～5400 m的云杉林下、灌丛下、高山草甸和高山碎石隙。

**西藏分布**：拉萨、当雄、昌都、江达、类乌齐、加查、南木林、定日、仲巴、吉隆、聂拉木、比如、安多、索县等。

**保护等级**：无危（IUCN：LC）。

# 叉枝虎耳草

学名：*Saxifraga divaricata* Engl. et Irmsch.
科名：虎耳草科 Saxifragaceae
属名：虎耳草属 *Saxifraga*

**形态特征：** 多年生草本。叶基生，叶片卵形至长圆形，先端急尖或钝，基部楔形，边缘有锯齿或全缘，无毛；叶柄基部扩大，无毛。花葶具白色卷曲腺柔毛，聚伞花序圆锥状，花梗密被卷曲腺柔毛；苞片长圆形至长圆状线形；萼片在花期开展，三角状卵形；花瓣白色，卵形至椭圆形。花果期一般在7—8月。

**生态习性：** 一般生长在海拔3400～4100 m的灌丛草甸或沼泽化草甸中。

**西藏分布：** 山南、那曲等。

**保护等级：** 未评估（IUCN：NE）。

# 黑蕊虎耳草
（黑心虎耳草）

学名：*Saxifraga melanocentra* Franch.
科名：虎耳草科 Saxifragaceae
属名：虎耳草属 *Saxifraga*

**形态特征：** 多年生草本。叶均基生，卵形、菱状卵形、宽卵形、窄卵形或长圆形，先端急尖或稍钝，边缘具圆齿状锯齿和腺睫毛，或无毛，基部楔形，稀心形，两面疏生柔毛或无毛。花葶被卷曲腺柔毛；聚伞花序伞房状，稀花单生。花果期一般在7—9月。

**生态习性：** 一般生长在海拔3000～5300 m的高山灌丛、高山草甸和高山碎石隙中。

**西藏分布：** 拉萨、当雄、昌都、加查、隆子、错那、南木林、比如、安多、察隅等。

**保护等级：** 无危（IUCN：LC）。

# 区限虎耳草

**学名**：*Saxifraga finitima* W. W. Smith
**科名**：虎耳草科 Saxifragaceae
**属名**：虎耳草属 *Saxifraga*

**形态特征**：多年生草本。叶植株丛生，小主轴反复分枝，叠结呈坐垫状；具密集的莲座叶丛；花茎被褐色腺毛；莲座叶稍肉质，近匙形至近长圆形，先端钝，腹面凹陷而无毛，背面上部和边缘具褐色腺毛。花单生于茎顶，花梗密被褐色腺毛。花果期一般在7—9月。

**生态习性**：一般生长在海拔3500~4900 m的灌丛、高山灌丛草甸和高山碎石隙中。

**西藏分布**：八宿、墨脱、察隅等。

**保护等级**：未评估（IUCN：NE）。

# 山地虎耳草

**学名：** *Saxifraga sinomontana* J. T. Pan & Gornall

**科名：** 虎耳草科 Saxifragaceae

**属名：** 虎耳草属 *Saxifraga*

**形态特征：** 多年生草本。茎疏被褐色卷曲柔毛。基生叶发达，具柄，叶片椭圆形、长圆形至线状长圆形，无毛；茎生叶披针形至线形，两面无毛或背面和边缘疏生褐色长柔毛。聚伞花序，稀单花，花梗被褐色卷曲柔毛。花果期一般在5—10月。

**生态习性：** 一般生长在海拔2700～5300 m的灌丛、高山草甸、高山沼泽化草甸和高山碎石隙中。

**西藏分布：** 八宿、墨脱、察隅等。

**保护等级：** 未评估（IUCN：NE）。

# 唐古特虎耳草
（桑斗、甘青虎耳草）

**学名**：*Saxifraga tangutica* Engl.
**科名**：虎耳草科 Saxifragaceae
**属名**：虎耳草属 *Saxifraga*

**形态特征**：多年生草本。丛生，茎被褐色卷曲长柔毛。基生叶卵形、披针形或长圆形，两面无毛，边缘具卷曲长柔毛，叶柄疏生卷曲长柔毛，茎生叶，下部者具柄，上部者无柄，叶披针形或长圆形，上面无毛，下面下部和边缘具卷曲柔毛。多歧聚伞花序。花果期一般在6—10月。

**生态习性**：一般生长在海拔2900~5600 m的林下、灌丛、高山草甸和高山碎石隙中。

**西藏分布**：拉萨、林周、当雄、尼木、墨竹工卡、乃东、隆子、错那、南木林、定日、仲巴、亚东、那曲、比如、申扎、索县、阿里、普兰、札达、朗县等。

**保护等级**：未评估（IUCN：NE）。

# 西藏虎耳草

**学名**：*Saxifraga tibetica* A. Los.
**科名**：虎耳草科 Saxifragaceae
**属名**：虎耳草属 *Saxifraga*

**形态特征**：多年生草本。丛生，茎被褐色卷曲长柔毛。基生叶椭圆形，无毛，叶柄边缘具卷曲长柔毛，茎生叶，下部者具柄，上部者无柄，叶披针形、长圆形或窄卵形，无毛或边缘具卷曲柔毛。花单生茎顶。花果期一般在7—9月。

**生态习性**：一般生长在海拔4400~5600 m的高山草甸、沼泽草甸和石隙中。

**西藏分布**：左贡、南木林、定日、仲巴、萨嘎、安多、阿里、米林等。

**保护等级**：无危（IUCN：LC）。

# 爪瓣虎耳草

**学名**：*Saxifraga unguiculata* Engl.
**科名**：虎耳草科 Saxifragaceae
**属名**：虎耳草属 *Saxifraga*

**形态特征**：多年生草本。丛生，小主轴分枝，具莲座叶丛；莲座叶匙形或近窄倒卵形，先端具短尖头，两面无毛，边缘多少具刚毛；茎生叶稍肉质，长圆形、披针形或剑形，先端具短尖头，两面无毛，边缘具腺睫毛，稀下面疏被腺毛。花单生茎顶，或聚伞花序，花梗被腺毛，花瓣黄色，中下部具橙色斑点，窄卵形、近椭圆形或披针形。花果期一般在7—8月。

**生态习性**：一般生长在海拔3200～5600 m的林下、高山草甸和高山碎石隙。

**西藏分布**：类乌齐、聂拉木、安多、申扎、索县、巴青、尼玛、波密等。

**保护等级**：未评估（IUCN：NE）。

# 楔叶山莓草

学名：*Sibbaldia cuneata* Hornem. ex Ktze.
科名：蔷薇科 Rosaceae
属名：山莓草属 *Sibbaldia*

形态特征：多年生草本。根状茎粗壮，匍匐。基生叶为三出复叶，叶柄被贴生疏柔毛，小叶宽倒卵形至宽椭圆形，先端截形，基部宽楔形，两面散生疏柔毛，叶柄短或几无，托叶膜质，褐色，被糙伏毛；茎生叶与基生叶相似，小叶较小，托叶草质，绿色，披针形，先端渐尖。花茎直立或上升，被贴生或斜展疏柔毛。瘦果光滑。花果期一般在5—10月。

生态习性：一般生长在海拔3400~4500 m的高山草地、岩石缝中。

西藏分布：丁青、定日、亚东、聂拉木、比如、林芝、米林、波密、察隅等。

保护等级：无危（IUCN：LC）。

# 垫状金露梅

学名：*Potentilla fruticosa* var. *pumila* Hook. f.
科名：蔷薇科 Rosaceae
属名：委陵菜属 *Potentilla*

形态特征：垫状灌木，密集丛生。小叶片5，椭圆形，上面密被伏毛，下面网脉明显，几无毛或被稀疏柔毛，叶边缘反卷。单花顶生，几无柄或柄极短，易与其他变种相区别。花果期一般在6月。

生态习性：一般生长在海拔4200～5000 m的高山草甸、灌丛中及砾石坡。

西藏分布：拉萨、措美、定日、昂仁、仲巴、聂拉木、萨嘎、申扎、班戈、普兰、札达、改则等。

保护等级：无危（IUCN：LC）。

# 钉柱委陵菜

**学名：** *Potentilla saundersiana* Royle
**科名：** 蔷薇科 Rosaceae
**属名：** 委陵菜属 *Potentilla*

**形态特征：** 多年生草本。基生叶掌状复叶，被白色绒毛及疏长柔毛，小叶长圆状倒卵形，先端圆钝或急尖，基部楔形，有多数缺刻状锯齿，上面贴生稀疏柔毛，下面密被白色绒毛，沿脉贴生疏柔毛，基生叶托叶膜质，褐色；茎生叶托叶草质，绿色，卵形或卵状披针形。花多数排成顶生疏散聚伞花序。瘦果光滑。花果期一般在6—8月。

**生态习性：** 一般生长在海拔2600～5150 m的山坡草地、多石山顶、高山灌丛及草甸。

**西藏分布：** 拉萨、林周、当雄、墨竹工卡、昌都、江达、类乌齐、八宿、左贡、芒康、乃东、琼结、错那、南木林、定日、萨迦、拉孜、昂仁、定结、仲巴、亚东、吉隆、聂拉木、萨嘎、那曲、安多、索县、班戈、普兰、札达、改则、措勤、工布江达、米林、察隅、朗县等。

**保护等级：** 未评估（IUCN：NE）。

# 蕨 麻

（鹅绒委陵菜、莲花菜、蕨麻
委陵菜、延寿草、人参果）

**学名：** *Potentilla anserina* L.
**科名：** 蔷薇科 Rosaceae
**属名：** 委陵菜属 *Potentilla*

**形态特征：** 多年生草本。根向下延长，有时在根的下部长成纺锤形或椭圆形块根。茎匍
匐，在节处生根，常着地长出新植株，外被伏生或半开展疏柔毛或脱落几无
毛。基生叶为间断羽状复叶，叶柄被伏生或半开展疏柔毛，有时脱落几无毛，
小叶对生或互生，无柄或顶生小叶有短柄。单花腋生，花梗被疏柔毛；花瓣黄
色，倒卵形、顶端圆形。花果期一般在4—9月。

**生态习性：** 一般生长在海拔2600～4800 m的河岸、路边、山坡草地等。

**西藏分布：** 拉萨、曲水、堆龙德庆、昌都、江达、察雅、八宿、左贡、芒康、扎囊、措
美、日喀则、江孜、定日、拉孜、白朗、仁布、康马、仲巴、亚东、吉隆、聂
拉木、那曲、嘉黎、安多、申扎、索县、阿里、普兰、札达、日土、措勤、林
芝、米林、波密、察隅等。

**保护等级：** 无危（IUCN：LC）。

# 关节委陵菜

学名：*Potentilla articulata* Franch.

科名：蔷薇科 Rosaceae

属名：委陵菜属 *Potentilla*

**形态特征：** 多年生垫状草本。根粗壮，圆柱形，木质，花茎丛生。基生小叶片无柄，与叶柄相接处具明显关节，带状披针形，顶端急尖，边缘全缘，微向下反卷，幼时上面密被长柔毛，以后两面被疏柔毛或逐渐脱落至无毛；托叶膜质，褐色，宽大，外面被疏长柔毛，以后脱落无毛。单花，花梗密被疏长柔毛；花瓣黄色，倒卵形，顶端微凹，比萼片长0.5倍。瘦果表面光滑。花果期一般在6—9月。

**生态习性：** 一般生长在海拔4200～4800 m的高山流石滩雪线附近。

**西藏分布：** 林周。

**保护等级：** 无危（IUCN：LC）。

# 小叶金露梅

**学名**：*Potentilla parvifolia* Fisch.
**科名**：蔷薇科 Rosaceae
**属名**：委陵菜属 *Potentilla*

**形态特征**：灌木，分枝多，树皮纵向剥落。小枝灰色或灰褐色，幼时被灰白色柔毛或绢毛。叶为羽状复叶，基部两对小叶呈掌状或轮状排列。顶生单花或数朵，花梗被灰白色柔毛或绢状柔毛；花瓣黄色，宽倒卵形，顶端微凹或圆钝。瘦果表面被毛。花果期一般在6—8月。

**生态习性**：一般生长在海拔900～5000 m的干燥山坡、岩石缝、林缘及林中。

**西藏分布**：拉萨、林周、当雄、尼木、墨竹工卡、昌都、察雅、八宿、南木林、定日、拉孜、定结、仲巴、吉隆、聂拉木、萨嘎、比如、安多、索县、班戈、普兰、札达、噶尔、日土、改则、林芝、工布江达、察隅等。

**保护等级**：未评估（IUCN：NE）。

# 高山绣线菊

**学名**：*Spiraea alpina* Pall.

**科名**：蔷薇科 Rosaceae

**属名**：绣线菊属 *Spiraea*

**形态特征**：灌木。枝条直立或开张，小枝有明显棱角，幼时被短柔毛，红褐色，老时灰褐色，无毛，冬芽小，卵形，通常无毛，有数枚外露鳞片。叶片多数簇生，线状披针形至长圆倒卵形，先端急尖或圆钝，基部楔形，全缘，两面无毛，下面灰绿色，具粉霜，叶脉不显著，叶柄甚短或几无柄。伞形总状花序具短总梗，花梗无毛，苞片小，线形。蓇葖果开张，无毛或仅沿腹缝线具稀疏短柔毛，常具直立或半开张萼片。花果期一般在6—8月。

**生态习性**：一般生长在海拔2000～4000 m的向阳坡地或灌丛中。

**西藏分布**：墨竹工卡、昌都、江达、类乌齐、察雅、八宿、左贡、洛隆、南木林、定结、聂拉木、巴青、林芝等。

**保护等级**：无危（IUCN：LC）。

# 羽叶花

学名：*Acomastylis elata*（Royle）F. Bolle
科名：蔷薇科 Rosaceae
属名：羽叶花属 *Acomastylis*

**形态特征：** 多年生草本。根粗壮，圆柱形。花茎直立，被短柔毛。基生叶为间断羽状复叶，宽带形，被短柔毛或疏柔毛，稀脱落几无毛。聚伞花序顶生，花梗被短柔毛；花瓣黄色，宽倒卵形，顶端微凹。瘦果长卵形，花柱宿存。花果期一般在6—8月。

**生态习性：** 一般生长在海拔3500～5400 m的高山草地上。

**西藏分布：** 达孜、吉隆等。

**保护等级：** 无危（IUCN：LC）。

# 团垫黄耆

**学名**：*Astragalus arnoldii* Hemsl.
**科名**：豆科 Fabaceae
**属名**：黄芪属 *Astragalus*

**形态特征**：多年生垫状草本。茎短缩，被灰白色丁字毛。羽状复叶，托叶小，与叶柄贴生，膜质，被白色长毛，小叶狭长圆形，先端渐尖，基部钝圆，两面被灰白色毛，近无柄。总状花序，苞片线状披针形，膜质。荚果长圆形，微弯，被白毛。花果期一般在7—9月。

**生态习性**：一般生长在海拔4600～5100 m的山坡及河滩上。

**西藏分布**：达孜、仲巴、萨嘎、巴青、工布江达、米林、墨脱、波密、察隅等。

**保护等级**：无危（IUCN：LC）。

# 云南黄耆

学名：*Astragalus yunnanensis* Franch.
科名：豆科 Fabaceae
属名：黄芪属 *Astragalus*

**形态特征：** 多年生草本。根粗壮，地上茎短缩。羽状复叶基生，近莲座状，连同叶轴散生白色细柔毛，托叶离生，卵状披针形，小叶卵形或近圆形。总状花序，稍密集，下垂，偏向一边，总花梗生于基部叶腋，与叶近等长或较叶长，散生白色细柔毛，上部并混生棕色毛。荚果膜质，狭卵形，被褐色柔毛，果颈与萼筒近等长。花果期一般在7—9月。

**生态习性：** 一般生长在海拔3000～4300 m的山坡或草原上。

**西藏分布：** 昌都、江达、吉隆、安多、索县、普兰、察隅等。

**保护等级：** 无危（IUCN：LC）。

# 冰川棘豆

**学名**：*Oxytropis proboscidea* Bunge
**科名**：豆科 Fabaceae
**属名**：棘豆属 *Oxytropis*

**形态特征**：多年生草本。茎短缩，丛生。羽状复叶，托叶卵形，彼此合生，与叶柄分离，密被绢质柔毛，叶轴具小腺点。多花组成球形或长圆形总状花序，花序梗紧被白和黑色卷曲长柔毛，花冠紫红色、蓝色，偶有白色。荚果纸质，卵状球形或长圆状球形，膨胀，密被开展白色长柔毛和黑色短柔毛，具短柄。花果期一般在6—9月。

**生态习性**：一般生长在海拔4500～5400 m的山坡草地、砾石山坡、河滩砾石地、砂质地。

**西藏分布**：拉萨、山南、浪卡子、江孜、定日、仁布、仲巴、吉隆、聂拉木、申扎、班戈、普兰、札达、噶尔、日土、革吉、改则、措勤等。

**保护等级**：无危（IUCN：LC）。

# 少花棘豆

学名：*Oxytropis pauciflora* Bunge
科名：豆科 Fabaceae
属名：棘豆属 *Oxytropis*

**形态特征：** 多年生草本。根细长，侧根多，茎缩短。羽状复叶，托叶草质，长卵形，基部与叶柄贴生，彼此合生至中部，幼时疏被贴伏白色与黑色短柔毛，叶柄与叶轴疏被贴伏白色短柔毛。花近伞形短总状花序，总花梗与叶等长，或较叶稍长，疏被贴伏白色短柔毛。荚果长圆状圆柱形，被贴伏白色短柔毛。花果期一般在6—7月。

**生态习性：** 一般生长在海拔4500～5550 m的高山石质山坡、高山灌丛草甸、高山草甸、河漫滩草地和沟边草地。

**西藏分布：** 曲水、类乌齐、八宿、错那、定日、定结、仲巴、那曲、安多、普兰、札达、噶尔、革吉、察隅等

**保护等级：** 无危（IUCN：LC）。

# 锡金岩黄耆
（乡城岩黄耆、坚硬岩黄耆）

**学名：** *Hedysarum sikkimense*
Benth. ex Baker

**科名：** 豆科 Fabaceae

**属名：** 岩黄芪属 *Hedysarum*

**形态特征：** 多年生草本。茎被短柔毛，无分枝。托叶宽披针形，合生至上部，外被疏柔毛；叶长圆形或卵状长圆形，上面无毛，下面沿主脉和边缘被疏柔毛。总状花序腋生，明显长于叶，常偏于侧，外展。荚果1～2节，节荚近圆形、椭圆形或倒卵形，被短柔毛，边缘常具不规则齿。花果期一般在7—9月。

**生态习性：** 一般生长在海拔3100～4300 m的高山干燥阳坡的高山草甸和高寒草原、疏灌丛以及各种砂砾质干燥山坡等。

**西藏分布：** 昌都、类乌齐、八宿、巴青、察隅、朗县等。

**保护等级：** 无危（IUCN：LC）。

# 藏 豆

**学名：** *Hedysarum tibeticum*（Bentham）B. H. Choi & H. Ohashi

**科名：** 豆科 Fabaceae

**属名：** 岩黄芪属 *Hedysarum*

**形态特征：** 多年生草本。根纤细，具细长的根茎。茎短缩，不明显，被托叶所包围。叶仰卧，托叶卵形，棕褐色干膜质，几乎完全合生，被贴伏长柔毛，叶轴被长柔毛。总状花序腋生，等于或短于叶，总花梗和花序轴被柔毛。荚果两侧稍膨胀，被短柔毛，横脉隆起，刺基扁平。种子半圆形或近肾形。花果期一般在7—9月。

**生态习性：** 一般生长在海拔3900 m以上高寒草原的沙质河滩、阶地、洪积扇冲沟和其他低凹湿润处。

**西藏分布：** 当雄、曲水、八宿、左贡、山南、措美、洛扎、浪卡子、日喀则、江孜、定日、拉孜、康马、定结、仲巴、亚东、吉隆、聂拉木、萨嘎、那曲、申扎、索县、班戈、巴青、普兰、札达、噶尔、日土、措勤等。

**保护等级：** 无危（IUCN：LC）。

# 高山野决明
（高山黄华）

学名：*Thermopsis alpina*（Pall.）Ledeb.
科名：豆科 Fabaceae
属名：野决明属 *Thermopsis*

**形态特征：** 多年生草本。根状茎发达，茎直立，分枝或单生，具沟棱，初被白色伸展柔毛，旋即秃净，或在节上留存。托叶卵形或阔披针形，上面无毛，下面和边缘被长柔毛，小叶线状倒卵形至卵形。总状花序顶生，花冠黄色，花瓣均具长瓣柄，旗瓣阔卵形或近肾形。荚果长圆形，直或微弯，密被短柔毛。种子肾形，微扁，褐色，种脐灰色，具长珠柄。花果期一般在5—8月。

**生态习性：** 一般生长在海拔2400～4800 m的高山苔原、砾质荒漠、草原和河滩砂地上。

**西藏分布：** 江达、吉隆、班戈、尼玛、革吉等。

**保护等级：** 未评估（IUCN：NE）。

# 高山大戟

**学名**：*Euphorbia stracheyi* Boiss.
**科名**：大戟科 Euphorbiaceae
**属名**：大戟属 *Euphorbia*

**形态特征**：多年生草本。茎常匍匐状或直立。叶互生，倒卵形或长椭圆形，基部半圆或渐窄，全缘，无叶柄。花序单生二歧分枝顶端，无柄，总苞钟状。蒴果卵圆形，无毛。种子长卵圆形，种阜盾状。花果期一般在5—8月。

**生态习性**：一般生长在海拔1000～4900 m的高山草甸、灌丛、林缘或杂木林下。

**西藏分布**：拉萨、墨竹工卡、昌都、贡觉、八宿、左贡、芒康、洛隆、措美、定日、定结、亚东、吉隆、聂拉木、嘉黎、比如、安多、索县、班戈、普兰、林芝、工布江达、波密、察隅、朗县等。

**保护等级**：无危（IUCN：LC）。

# 三脉梅花草

**学名：** *Parnassia trinervis* Drude
**科名：** 卫矛科 Celastraceae
**属名：** 梅花草属 *Parnassia*

**形态特征：** 多年生草本。近基部具1叶，与基生叶同形，较小，无柄，半抱茎；基生叶长圆形、长圆状披针形或卵状长圆形，先端尖，基部微心形、平截或下延至叶柄，上面深绿色，下面淡绿色，有突起3～5脉；叶柄扁平，两侧有窄翼，有褐色条纹，托叶膜质。花单生茎顶，花瓣白色，披针形，先端圆，基部楔形下延成爪，边全缘，有3脉。蒴果3裂。种子多数，褐色，有光泽。花期一般为7—8月，果期9月开始。

**生态习性：** 一般生长在海拔3100～4500 m的山谷潮湿地、沼泽草甸或河滩上。

**西藏分布：** 拉萨、林周、当雄、类乌齐、八宿、乃东、错那、南木林、昂仁、仲巴、萨嘎、那曲、聂荣、噶尔、日土、林芝、米林等。

**保护等级：** 无危（IUCN：LC）。

# 圆叶小堇菜

**学名：** *Viola biflora* var. *rockiana*（W. Becker）Y. S. Chen

**科名：** 堇菜科 Violaceae

**属名：** 堇菜属 *Viola*

**形态特征：** 多年生草本。根状茎近垂直，具结节，上部有较宽的褐色鳞片。基生叶叶片较厚，圆形或近肾形，基部心形，有较长叶柄；茎生叶少数，叶片圆形或卵圆形，基部浅心形或近截形，边缘具波状浅圆齿，上面尤其沿叶缘被粗毛，下面无毛。花黄色，有紫色条纹，花梗较叶长。蒴果卵圆形。花果期一般在6—8月。

**生态习性：** 一般生长在海拔2500～4300 m的高山、亚高山地带的草坡、林下、灌丛间。

**西藏分布：** 昌都、察雅、八宿、芒康、索县、巴青、墨脱、波密、察隅等。

**保护等级：** 无危（IUCN：LC）。

# 矮泽芹

**学名**：*Chamaesium paradoxum* Wolff
**科名**：伞形科 Apiaceae
**属名**：矮泽芹属 *Chamaesium*

**形态特征**：两年生草本。茎中空，有分枝。基生叶长圆形，1回羽状分裂，羽片4~6对，无柄，卵形或长卵形，全缘，稀先端有2~3浅齿。复伞形花序，花白或淡黄色；萼齿细小；花瓣倒卵形，先端圆，基部稍窄，中脉1。果长圆形。花果期2—9月。

**生态习性**：一般生长在海拔3800~4800 m的湿润的山坡草地中。

**西藏分布**：拉萨、山南、那曲等。

**保护等级**：无危（IUCN：LC）。

# 裂叶独活

学名：*Heracleum millefolium* Diels

科名：伞形科 Apiaceae

属名：独活属 *Heracleum*

**形态特征：** 多年生草本，有柔毛。根棕褐色，颈部被有褐色枯萎叶鞘纤维。茎直立，分枝，下部叶有柄。叶片轮廓为披针形，3~4回羽状分裂，末回裂片线形或披针形，先端尖，茎生叶逐渐短缩。复伞形花序顶生和侧生；花白色。果实椭圆形，背部极扁，有柔毛，背棱较细，每棱槽内有油管1，合生面油管2，其长度为分生果长度的一半或略超过。花期6—8月，果期9—10月。

**生态习性：** 一般生长在海拔3800~5000 m的山坡草地。

**西藏分布：** 拉萨、丁青、芒康、错那、南木林、江孜、定日、昂仁、康马、定结、亚东、吉隆、那曲、比如、申扎、札达、日土、措勤等。

**保护等级：** 未评估（IUCN：NE）。

# 垫状棱子芹

**学名**：*Pleurospermum hedinii* Diels
**科名**：伞形科 Apiaceae
**属名**：棱子芹属 *Pleurospermum*

**形态特征**：多年生莲座状草本。根粗壮，圆锥状，直伸。茎粗短，肉质，基部被栗褐色残鞘。叶近肉质，叶片轮廓狭长椭圆形，2回羽状分裂。复伞形花序顶生，花多数，花柄肉质，花瓣淡红色至白色，近圆形，顶端有内折的小舌片。果实卵形至宽卵形，淡紫色或白色，表面有密集的细水泡状突起；果棱宽翅状，微呈波状褶皱；每棱槽有油管1，合生面2。花期7—8月，果期9月。

**生态习性**：一般生长在海拔5000 m左右的山坡草地。

**西藏分布**：江达、贡觉、芒康、措美、隆子、错那、定日、萨迦、定结、仲巴、聂拉木、萨嘎、聂荣、申扎、班戈、普兰、改则、措勤等。

**保护等级**：无危（IUCN：LC）。

# 美丽棱子芹

**学名：** *Pleurospermum amabile* Craib ex W. W. Smith

**科名：** 伞形科 Apiaceae

**属名：** 棱子芹属 *Pleurospermum*

**形态特征：** 多年生草本。根粗壮，直伸，暗褐色。茎直立，带堇紫色，基部有褐色残存的叶鞘。3～4回羽状复叶，叶鞘膜质，近圆形或宽卵形，有美丽的紫色脉纹，边缘啮蚀状分裂。顶生伞形花序有总苞片，花紫红色，花瓣倒卵形，基部有爪，顶端有小舌片，内曲。果实狭卵形，果棱有明显的微波状齿，每棱槽有油管3，合生面6。花期8—9月，果期9—10月。

**生态习性：** 一般生长在海拔3600～5100 m的山坡草地或灌丛中。

**西藏分布：** 林周、八宿、左贡、加查、错那、林芝、米林、墨脱、波密、察隅、朗县等。

**保护等级：** 无危（IUCN：LC）。

# 青藏棱子芹

学名：*Pleurospermum pulszkyi* Kanitz
科名：伞形科 Apiaceae
属名：棱子芹属 *Pleurospermum*

**形态特征：** 多年生草本，常带紫红色。根粗壮，暗褐色，直伸，下部有分叉，颈部有多数褐色带状残存叶鞘。茎直立，粗壮，基部少分枝，常短缩。叶明显有柄，叶柄下部扩展呈卵圆形的叶鞘，叶片轮廓长圆形或卵形，1~2回羽状分裂。顶生复伞形花序，小伞花序有花多数，侧生伞形花序较小，多不育；花白色，花瓣倒卵形，顶端钝，基部明显有爪。果实长圆形，果棱有狭翅，每棱槽中有油管3，合生面6。花期7月，果期8—9月。

**生态习性：** 一般生长在海拔3600~4600 m的山坡草地或石隙中。

**西藏分布：** 当雄、左贡、加查、仲巴、吉隆、林芝、米林、波密、朗县、嘉黎等。

**保护等级：** 无危（IUCN：LC）。

## 西藏棱子芹

**学名**：*Pleurospermum hookeri* var. *thomsonii* C. B. Clarke

**科名**：伞形科 Apiaceae

**属名**：棱子芹属 *Pleurospermum*

**形态特征**：多年生草本，全体无毛。根较粗壮，暗褐色。茎直立，单一或数茎丛生，圆柱形，有条棱。基生叶多数，叶柄基部扩展呈鞘状抱茎；叶片轮廓三角形，2~3回羽状分裂，羽片7~9对，叶柄常常只有膜质的鞘状部分。复伞形花序顶生，花多数，白色，花瓣近圆形，顶端有内折的小舌片，基部有短爪。果实卵圆形，果棱有狭翅，每棱槽有油管3，合生面6。花期8月，果期9—10月。

**生态习性**：一般生长在海拔3500~4500 m的山坡草地或石隙中。

**西藏分布**：拉萨、当雄、左贡、加查、仲巴、吉隆、比如、安多、普兰、日土、改则、林芝、米林、波密、朗县等。

**保护等级**：无危（IUCN：LC）。

# 紫色棱子芹

**学名**：*Pleurospermum apiolens* C. B. Clarke
**科名**：伞形科 Apiaceae
**属名**：棱子芹属 *Pleurospermum*

**形态特征**：多年生草本。茎直立，有纵条纹，下部深紫色，中上部有2个分枝，无毛。基生叶有长柄，叶片轮廓长三角形，基部向上渐窄，2回羽状分裂。顶生复伞形花序，花多数，花瓣白色，卵形或阔卵形，基部有短爪，顶端有内折的小舌片。果实长卵形，果棱较宽，边缘微波状。

**生态习性**：一般生长在海拔3800 m的坡地上。

**西藏分布**：聂拉木。

**保护等级**：无危（IUCN：LC）。

# 瘤果芹

**学名**：*Trachydium roylei* Lindl.
**科名**：伞形科 Apiaceae
**属名**：瘤果芹属 *Trachydium*

**形态特征**：植株无毛。根长圆锥形。茎短缩。基生叶有柄，叶片轮廓为长方状披针形，2～3回羽状分裂；茎生叶与基生叶同形，向上渐小。复伞形花序伞辐不等长，花瓣倒卵形，白色，基部有爪。幼果卵形，果棱隆起，果皮上有稀疏的泡状小瘤，棱槽中油管单生，合生面油管2，胚乳腹面微凹。

**生态习性**：一般生长在海拔3300～5600 m的山地中。

**西藏分布**：错那。

**保护等级**：无危（IUCN：LC）。

# 雪层杜鹃

学名：*Rhododendron nivale* Hook. f.
科名：杜鹃花科Ericaceae
属名：杜鹃花属 *Rhododendron*

**形态特征：** 常绿小灌木。植株常平卧成垫状，幼枝密被黑锈色鳞片。叶革质，椭圆形、卵形或近圆形。花序顶生，花冠宽漏斗形，粉红、丁香紫或鲜紫色。蒴果圆形或卵圆形，被鳞片，具宿萼。花果期一般在5—9月。

**生态习性：** 一般生长在海拔3200～5800 m的高山灌丛、冰川谷地、草甸上。

**西藏分布：** 拉萨、林周、墨竹工卡、昌都、江达、类乌齐、丁青、八宿、洛扎、加查、隆子、错那、南木林、定日、定结、亚东、聂拉木、嘉黎、比如、安多、索县、林芝、米林、墨脱、波密、察隅等。

**保护等级：** 未评估（IUCN：NE）。

# 大叶报春

**学名**：*Primula macrophylla* D. Don
**科名**：报春花科Primulaceae
**属名**：报春花属 *Primula*

**形态特征**：多年生草本。植株被白粉。叶丛基部由鳞片、叶柄包叠成假茎状，叶柄具宽翅，基部互相包叠，外露部分甚短或与叶片近等长，叶披针形或倒披针形，全缘或具细齿，常外卷，下面被白粉或无粉。伞形花序，花冠紫或蓝紫色。蒴果筒状。花果期一般在6—9月。

**生态习性**：一般生长在海拔4500～5200 m的山坡草地和碎石缝中。

**西藏分布**：安多、扎达、普兰、申扎、定结、拉萨等。

**保护等级**：未评估（IUCN：NE）。

# 西藏报春

**学名**: *Primula tibetica* Watt
**科名**: 报春花科 Primulaceae
**属名**: 报春花属 *Primula*

**形态特征**: 多年生小草本。全株无粉，根状茎短，具多数须根。叶片卵形、椭圆形或匙形，先端钝或圆形，基部楔形或近圆形，全缘，很少具稀疏不明显的钝齿，鲜时稍带肉质，两面秃净，中肋稍宽，侧脉不明显；苞片狭矩圆形至披针形，先端钝或锐尖，基部稍下延成垂耳状。花萼狭钟状；花冠粉红色或紫红色，冠筒口周围黄色。蒴果筒状，稍长于花萼。花果期一般在6—9月。

**生态习性**: 一般生长在海拔3200～4800 m的山坡湿草地和沼泽化草甸中。

**西藏分布**: 拉萨、八宿、定日、仲巴、聂拉木、日土等。

**保护等级**: 无危（IUCN：LC）。

# 柔小粉报春

学名：*Primula pumilio* Maxim.
科名：报春花科 Primulaceae
属名：报春花属 *Primula*

形态特征：多年生小草本。株高仅1~3 cm，根状茎极短，具多数须根。叶丛稍紧密，基部外围有褐色枯叶柄，叶片椭圆形、倒卵状椭圆形至近菱形。花顶生伞形花序，苞片卵状椭圆形或椭圆状披针形；花萼筒状，花冠淡红色，冠筒口周围黄色。花果期一般在5—6月。

生态习性：一般生长在海拔4500~5300 m的沼泽草甸中。

西藏分布：拉萨、尼木、措美、定日、聂拉木、索县、班戈、尼玛等。

保护等级：无危（IUCN：LC）。

# 垫状点地梅

**学名**：*Androsace tapete* Maxim.
**科名**：报春花科 Primulaceae
**属名**：点地梅属 *Androsace*

**形态特征**：多年生草本。植株为半球形垫状体，由多数根出短枝紧密排列而成。叶2型，外层叶舌形或长椭圆形，先端钝，近无毛，内层叶线形或窄倒披针形，下面上半部密集白色画笔状毛。花葶近无或极短，花单生，无梗或梗极短，仅花冠裂片露出叶丛，苞片线形，膜质；花冠粉红色，裂片倒卵形，边缘微呈波状。花果期一般在6—7月。

**生态习性**：一般生长在海拔3500～5000 m的林缘湿地、沼泽草甸和水沟边。

**西藏分布**：拉萨、尼木、墨竹工卡、昌都、类乌齐、察雅、八宿、左贡、芒康、乃东、加查、错那、浪卡子、日喀则、南木林、江孜、定日、萨迦、拉孜、白朗、仲巴、亚东、吉隆、聂拉木、那曲、嘉黎、比如、安多、申扎、班戈、尼玛、普兰、革吉、改则、措勤、林芝等。

**保护等级**：无危（IUCN：LC）。

# 羽叶点地梅

学名：*Pomatosace filicula* Maxim.
科名：报春花科 Primulaceae
属名：羽叶点地梅属 *Pomatosace*

**形态特征：** 一年生或两年生草本。株高3～9 cm，具粗长的主根和少数须根。叶多数，叶片轮廓线状矩圆形，两面沿中肋被白色疏长柔毛，羽状深裂至近羽状全裂，裂片线形或窄三角状线形，先端钝或稍锐尖，全缘或具1～2牙齿，叶柄被疏长柔毛，近基部扩展，略呈鞘状。花葶通常多枚自叶丛中抽出，疏被长柔毛；伞形花序，苞片线形，疏被柔毛；花冠白色。蒴果近球形，通常具种子6～12粒。花果期一般在5—8月。

**生态习性：** 一般生长在海拔3500～4500 m的高山草甸和河滩砂地。

**西藏分布：** 拉萨、昌都、江达、贡觉、加查、隆子、林芝、米林、波密、察隅、朗县等。

**保护等级：** 国家二级。

# 湿生扁蕾

学名：*Gentianopsis paludosa*（Hook. f.）Ma
科名：龙胆科 Gentianaceae
属名：扁蕾属 *Gentianopsis*

**形态特征：** 一年生草本。茎单生，直立或斜升，近圆形，在基部分枝或不分枝。基生叶匙形，茎生叶无柄，矩圆形或椭圆状披针形。花单生茎及分枝顶端。蒴果椭圆形，具长柄。种子长圆形或近圆形。花果期一般在7—10月。

**生态习性：** 一般生长在海拔4500～5200 m的河滩、山坡草地、林下。

**西藏分布：** 拉萨、林周、墨竹工卡、昌都、江达、类乌齐、丁青、八宿、左贡、洛隆、加查、错那、浪卡子、南木林、吉隆、索县、札达、林芝、米林、波密、察隅、朗县等。

**保护等级：** 未评估（IUCN：NE）。

## 镰萼喉毛花

学名：*Comastoma falcatum*
（Turcz. ex Kar. & Kir.）Toyok.
科名：龙胆科 Gentianaceae
属名：喉毛花属 *Comastoma*

形态特征：一年生草本。茎基部分枝。叶大部基生，长圆状匙形或长圆形，茎生叶长圆形、稀卵形或长圆状卵形，无柄。花单生，枝顶。蒴果窄椭圆形或披针形。种子近球形，褐色。花果期一般在7—9月。

生态习性：一般生长在海拔2100～5300 m的河滩、山坡草地、林下、灌丛、高山草甸中。

西藏分布：昌都、丁青、八宿、仲巴、亚东、萨嘎、比如、聂荣、申扎、尼玛、噶尔、日土、波密、察隅等。

保护等级：无危（IUCN：LC）。

# 厚边龙胆

**学名**：*Gentiana simulatrix* Marq.
**科名**：龙胆科 Gentianaceae
**属名**：龙胆属 *Gentiana*

**形态特征**：一年生草本。茎常带紫红色，密被黄绿色乳突，自基部起作多次二歧分枝，或基部单一，中、上部分枝，枝疏散，直立或斜升。叶近革质，基生叶大，在花期枯萎；茎生叶小，近直立，密集，长于节间，或疏离，远短于节间，卵状匙形、椭圆形至披针形。花单生于小枝顶端，下部包于最上部叶丛中。花果期一般在5—8月。

**生态习性**：一般生长在海拔3000~4800 m的山坡草甸、草地、灌丛、山顶、河滩草地、沙滩及耕地边。

**西藏分布**：拉萨、加查、隆子、吉隆、林芝、米林、察隅等。

**保护等级**：无危（IUCN：LC）。

# 蓝白龙胆

**学名：** *Gentiana leucomelaena* Maxim.
**科名：** 龙胆科 Gentianaceae
**属名：** 龙胆属 *Gentiana*

**形态特征：** 一年生草本。茎黄绿色，光滑，在基部多分枝，枝铺散，斜升。基生叶稍大，卵圆形或卵状椭圆形。花数朵，单生于小枝顶端。蒴果外露或仅先端外露，倒卵圆形，具宽翅，两侧边缘具狭翅，基部渐狭。种子褐色，宽椭圆形或椭圆形，表面具光亮的念珠状网纹。花果期一般在5—10月。

**生态习性：** 一般生长在海拔1940~5000 m的沼泽化草甸、沼泽地、湿草地、河滩草地、山坡灌丛及高山草甸中。

**西藏分布：** 拉萨、林周、当雄、曲水、墨竹工卡、昌都、江达、类乌齐、丁青、八宿、乃东、措美、错那、南木林、定日、昂仁、定结、仲巴、吉隆、聂拉木、那曲、比如、申扎、索县、阿里、普兰、札达、噶尔、日土、革吉、措勤、工布江达等。

**保护等级：** 无危（IUCN：LC）。

# 麻花艽

**学名：** *Gentiana straminea* Maxim.

**科名：** 龙胆科 Gentianaceae

**属名：** 龙胆属 *Gentiana*

**形态特征：** 多年生草本。枝丛生，莲座丛叶宽披针形或卵状椭圆形，茎生叶线状披针形或线形。聚伞花序顶生或腋生，花序疏散。蒴果内藏，椭圆状披针形。种子具细网纹。花果期一般在7—10月。

**生态习性：** 一般生长在海拔2000～4950 m的高山草甸、灌丛、林下、林间空地、山沟、多石干山坡及河滩等地。

**西藏分布：** 拉萨、当雄、昌都、江达、贡觉、类乌齐、八宿、曲松、那曲、安多、巴青、波密等。

**保护等级：** 无危（IUCN：LC）。

# 西藏微孔草

**学名：** *Microula tibetica* Benth.

**科名：** 紫草科 Boraginaceae

**属名：** 微孔草属 *Microula*

**形态特征：** 茎缩短，自基部有多数分枝，枝端生花序，疏被短糙毛或近无毛。叶均平展并铺地面上，匙形，顶端圆形或钝，基部渐狭成柄，边缘近全缘或有波状小齿，上面稍密被短糙伏毛，并散生具基盘的短刚毛，下面有具基盘的白色短刚毛。花序不分枝或分枝；花冠蓝色或白色，无毛，檐部裂片圆卵形，附属物低梯形。小坚果卵形或近菱形。花期7—9月。

**生态习性：** 一般生长在海拔4500～5300 m的湖边沙滩、山坡流砂或高原草地。

**西藏分布：** 当雄、乃东、隆子、错那、南木林、定日、仲巴、吉隆、那曲、比如、安多、尼玛、阿里、普兰、噶尔、日土、革吉、改则、措勤等。

**保护等级：** 未评估（IUCN：NE）。

# 独一味

学名：*Lamiophlomis rotata*
（Benth. ex Hook. f.）Kudo

科名：唇形科 Lamiaceae

属名：独一味属 *Lamiophlomis*

**形态特征：** 多年生草本。根茎伸长，粗厚。叶片常4枚，辐状两两相对，菱状圆形、菱形、扇形、横肾形以至三角形，先端钝、圆形或急尖，基部浅心形或宽楔形，下延至叶柄，边缘具圆齿，上面绿色，密被白色疏柔毛，具皱，下面较淡，仅沿脉上疏被短柔毛。轮伞花序密集排列成有短葶的头状或短穗状花序，有时下部具分枝而呈短圆锥状。花果期一般在6—9月。

**生态习性：** 一般生长在海拔2700～4500 m的高原或高山上强度风化的碎石滩中或石质高山草甸、河滩地。

**西藏分布：** 拉萨、林周、当雄、尼木、墨竹工卡、昌都、江达、察雅、八宿、桑日、曲松、错那、南木林、定日、昂仁、白朗、定结、亚东、吉隆、聂拉木、那曲、嘉黎、索县、班戈、工布江达、米林等。

**保护等级：** 无危〔IUCN：LC〕。

# 白苞筋骨草
（甜格缩缩草）

**学名**：*Ajuga lupulina* Maxim.
**科名**：唇形科 Lamiaceae
**属名**：筋骨草属 *Ajuga*

**形态特征**：多年生草本。茎沿棱及节被白色长柔毛。叶披针形或菱状卵形。轮伞花序组成穗状花序，苞叶白黄、白或绿紫色，卵形或宽卵形，花冠白、白绿或白黄色，具紫色斑纹，窄漏斗形，疏被长柔毛，冠筒基部前方稍膨大，内面具毛环，上唇2裂，下唇中裂片窄扇形，先端微缺，侧裂片长圆形。小坚果腹面中央微隆起，合生面达腹面之半。花果期一般在7—10月。

**生态习性**：一般生长在海拔1900～3500 m的河滩沙地、高山草地或陡坡石缝中。

**西藏分布**：昌都、江达、贡觉、类乌齐、丁青、察雅、八宿、洛隆、加查、日喀则、那曲、比如、安多、巴青、改则等。

**保护等级**：未评估（IUCN：NE）。

# 扭连钱

学名：*Marmoritis complanatum*（Dunn）
A. L. Budantzev
科名：唇形科 Lamiaceae
属名：扭连钱属 *Marmoritis*

**形态特征：**多年生草本。茎多数，上部被白色长柔毛及腺点，下部常无叶，紫红色，近无毛，根茎木质，褐色。叶覆瓦状排列，宽卵圆形或近肾形。聚伞花序具3花；苞片线状钻形。小坚果长圆形或长圆状卵球形，腹面稍三棱状。花果期一般在6—9月。

**生态习性：**一般生长在海拔4130～5000 m的高山上强度风化的乱石滩石隙间。

**西藏分布：**昌都、八宿、乃东、加查、隆子、错那、萨迦、聂拉木、比如、朗县等。

**保护等级：**无危（IUCN：LC）。

# 白花枝子花
（异叶青兰、白花夏枯草）

**学名**：*Dracocephalum heterophyllum* Benth.
**科名**：唇形科 Lamiaceae
**属名**：青兰属 *Dracocephalum*

**形态特征**：多年生草本。茎和叶密被倒向微柔毛。轮伞花序，生于茎上部；苞片倒卵状匙形或倒披针形；花萼淡绿色，疏被短柔毛，具缘毛，上唇3浅裂，萼齿三角状卵形，具刺尖，下唇2深裂，萼齿披针形，先端具刺；花冠白色，密被白或淡黄色短柔毛。花果期一般在6—8月。

**生态习性**：一般生长在海拔1100～5000 m的山地草原及半荒漠的多石干燥地区。

**西藏分布**：拉萨、当雄、类乌齐、丁青、八宿、左贡、措美、加查、错那、江孜、萨迦、昂仁、康马、定结、仲巴、吉隆、聂拉木、安多、申扎、班戈、普兰、札达、日土、改则、波密等。

**保护等级**：无危（IUCN：LC）。

# 马尿泡

学名：*Przewalskia tangutica* Maximo.
科名：茄科 Solanaceae
属名：马尿泡属 *Przewalskia*

**形态特征：** 全体生腺毛。根粗壮，肉质，根茎短缩，有多数休眠芽。茎常有一部分埋于地下。叶生于茎下部者鳞片状，常埋于地下，生于茎顶端者密集生，铲形、长椭圆状卵形至长椭圆状倒卵形，顶端圆钝，基部渐狭，边缘全缘或微波状，有短缘毛，下上两面幼时有腺毛，后来渐脱落而近秃净。总花梗腋生，被短腺毛，花冠檐部黄色，筒部紫色，筒状漏斗形，外面生短腺毛。蒴果球状，果萼椭圆状或卵状，近革质，网纹凸起，顶端平截，不闭合。种子黑褐色。花果期一般在6—7月。

**生态习性：** 一般生长在海拔3200～5000 m的高山砂砾地及干旱草原。

**西藏分布：** 拉萨、林周、当雄、尼木、墨竹工卡、江达、洛隆、曲松、加查、浪卡子、仲巴、聂拉木、那曲、嘉黎、班戈、安多、察隅等。

**保护等级：** 无危（IUCN：LC）。

# 藏玄参

**学名**：*Oreosolen wattii* Hook. f.
**科名**：玄参科 Scrophulariaceae
**属名**：藏玄参属 *Oreosolen*

**形态特征**：植株全体被粒状腺毛。根粗壮。叶生茎顶端，具极短而宽扁的叶柄，叶片大而厚，心形、扇形或卵形，边缘具不规则钝齿，网纹强烈凹陷。花萼裂片条状披针形，花冠黄色，上唇裂片卵圆形，下唇裂片倒卵圆形；雄蕊内藏至稍伸出。蒴果长。种子暗褐色。花期一般为6月，果期8月。

**生态习性**：一般生长在海拔3000～5100 m的高山草甸。

**西藏分布**：拉萨、当雄、达孜、南木林、定日、萨迦、拉孜、仁布、定结、亚东、聂拉木、嘉黎、安多、索县、班戈、普兰、朗县等。

**保护等级**：无危（IUCN：LC）。

# 肉果草

**学名：** *Lancea tibetica* Hook. f. et Thoms.

**科名：** 通泉草科 Mazaceae

**属名：** 肉果草属 *Lancea*

**形态特征：** 多年生草本。根状茎细，节上有1对鳞片。叶近莲座状，近革质，倒卵形或匙形，先端常有小凸尖，基部渐窄成短柄，近全缘。花簇生或成总状花序；花萼革质，萼片钻状三角形；花冠深蓝或紫色，上唇2深裂，下唇中裂片全缘；雄蕊着生花冠筒近中部，花丝无毛。果红色或深紫色。花期一般为5—7月，果期7—9月。

**生态习性：** 一般生长在海拔2000～4500 m的草地。

**西藏分布：** 拉萨、当雄、尼木、曲水、昌都、江达、类乌齐、察雅、八宿、左贡、芒康、加查、错那、日喀则、南木林、江孜、定日、萨迦、拉孜、昂仁、仁布、康马、定结、亚东、吉隆、嘉黎、安多、申扎、索县、班戈、普兰、札达、日土、措勤、林芝、米林、波密、察隅等。

**保护等级：** 无危（IUCN：LC）。

# 藏波罗花

学名：*Incarvillea younghusbandii* Sprague
科名：紫葳科 Bignoniaceae
属名：角蒿属 *Incarvillea*

**形态特征：** 矮小宿根草本，无茎。根肉质，粗壮。叶基生，平铺于地上，为1回羽状复叶；顶端小叶卵圆形至圆形，较大，顶端圆或钝，基部心形。花单生或3~6朵着生于叶腋中抽出缩短的总梗上，花冠细长，漏斗状花冠筒橘黄色，花冠裂片开展，圆形。蒴果近于木质，弯曲或新月形，具四棱，顶端锐尖，淡褐色。种子椭圆形，下面凸起，上面凹入，近黑色，具不明显细齿状周翅及鳞片。花期5—8月，果期8—10月。

**生态习性：** 一般生长在海拔4000~5000 m的高山沙质草甸及山坡砾石垫状灌丛中。

**西藏分布：** 拉萨、当雄、墨竹工卡、八宿、定日、定结、聂拉木、那曲、嘉黎、索县、班戈、普兰、改则、措勤等。

**保护等级：** 无危（IUCN：LC）。

# 密生波罗花

学名：*Incarvillea compacta* Maxim.

科名：紫葳科 Bignoniaceae

属名：角蒿属 *Incarvillea*

**形态特征：** 多年生草本。根肉质，圆锥状。叶为1回羽状复叶，聚生于茎基部。总状花序密集，聚生于茎顶端，1至多花从叶腋中抽出；花梗线形；花冠红色或紫红色，花冠筒外面紫色，具黑色斑点，内面具少数紫色条纹，裂片圆形，顶端微凹，具腺体。蒴果长披针形，两端尖，木质，具明显的4棱。花期5—7月，果期8—12月。

**生态习性：** 一般生长在海拔2600～4100 m的空旷石砾山坡及草灌丛中。

**西藏分布：** 昌都、江达、左贡、芒康、加查、安多、朗县等。

**保护等级：** 无危（IUCN：LC）。

# 管状长花马先蒿

**学名：** *Pedicularis longiflora* var. *tubiformis*（Klotz）Tsoong

**科名：** 列当科 Orobanchaceae

**属名：** 马先蒿属 *Pedicularis*

**形态特征：** 多年生草本。全身少毛。花腋生，有短梗，均腋生，花冠黄色。蒴果披针形。种子狭卵圆形，有明显的黑色种阜，具纵条纹。这一变种的区别在于其花一般较小，并在下唇近喉处有棕红色的斑点2个。花果期一般在5—10月。

**生态习性：** 一般生长在海拔2700～5300 m的高山草甸及溪流两旁等处。

**西藏分布：** 拉萨、当雄、昌都、类乌齐、八宿、芒康、乃东、错那、南木林、江孜、定日、萨迦、拉孜、昂仁、定结、仲巴、亚东、吉隆、萨嘎、那曲、聂荣、安多、申扎、普兰、札达、噶尔、日土、林芝、工布江达、米林、察隅等。

**保护等级：** 无危（IUCN：LC）。

# 罗氏马先蒿

学名：*Pedicularis roylei* Maxim.
科名：列当科 Orobanchaceae
属名：马先蒿属 *Pedicularis*

**形态特征**：多年生草本。茎直立，基部常有卵状鳞片，被成行白毛。基生叶成丛，具长柄，叶披针状长圆形或卵状长圆形，羽状深裂，有缺刻状锯齿。总状花序，序轴密被长柔毛。蒴果卵状披针形，有小凸尖，基部为宿萼所包。花果期一般在7—9月。

**生态习性**：一般生长在海拔3700~4500 m的高山湿草甸中。

**西藏分布**：拉萨、当雄、加查、南木林、定日、仲巴、亚东、安多、米林、墨脱等。

**保护等级**：未评估（IUCN：NE）。

# 普氏马先蒿

**学名**：*Pedicularis przewalskii* Maxim.
**科名**：列当科 Orobanchaceae
**属名**：马先蒿属 *Pedicularis*

**形态特征：** 多年生草本。根多数，成束，多少纺锤形而细长。根茎粗短，稍有鳞片残余。叶片披针状线形，质极厚，中脉极宽而明显，干时色浅，边缘羽状浅裂成圆齿。花冠紫红色，喉部常为黄白色，雄蕊着生于管端，花丝2对均有毛，花柱不伸出。蒴果斜长圆形，有短尖头。花果期一般在6—7月。

**生态习性：** 一般生长在海拔4000 m左右的高山湿草地中。

**西藏分布：** 拉萨、当雄、类乌齐、南木林、那曲等。

**保护等级：** 未评估（IUCN：NE）。

# 拟鼻花马先蒿

**学名**：*Pedicularis rhinanthoides* Schrenk

**科名**：列当科 Orobanchaceae

**属名**：马先蒿属 *Pedicularis*

**形态特征**：多年生草本。根茎很短，根成丛，多少纺锤形或胡萝卜状，肉质。茎直立，或更常弯曲上升，单出或自根颈发出多条，不分枝，几无毛而多少黑色有光泽。叶基生者常成密丛，有长柄，叶片线状长圆形，羽状全裂。花成顶生的亚头状总状花序或多少伸长，在后一种情况中下方的花远距而生于上叶的腋中。蒴果长于萼半倍，披针状卵形。种子卵圆形，浅褐色，有明显的网纹。花果期一般在7—8月。

**生态习性**：一般生长在海拔3500～5000 m的多水或潮湿草甸中。

**西藏分布**：当雄、昌都、仲巴、吉隆、萨嘎、普兰、日土等。

**保护等级**：未评估（IUCN：NE）。

# 欧氏马先蒿

**学名：** *Pedicularis oederi* Vahl

**科名：** 列当科 Orobanchaceae

**属名：** 马先蒿属 *Pedicularis*

**形态特征：** 多年生草本。根颈粗，顶端常生有少数卵形至披针状长圆形的宿存膜质鳞片。茎草质多汁，常为花葶状，其大部长度均为花序所占，多少有绵毛，有时几变光滑，有时很密。叶多基生，宿存成丛，有长柄。花序顶生，变化极多，常占茎的大部长度。种子灰色，狭卵形锐头，有细网纹。花果期一般在6—9月。

**生态习性：** 一般生长在海拔2600～4000 m的高山沼泽草甸和阴湿的林下。

**西藏分布：** 芒康、仲巴、吉隆、聂拉木、安多、索县、尼玛、普兰、札达、噶尔、察隅等。

**保护等级：** 未评估（IUCN：NE）。

# 皱褶马先蒿

**学名：** *Pedicularis plicata* Maxim.
**科名：** 列当科 Orobanchaceae
**属名：** 马先蒿属 *Pedicularis*

**形态特征：** 多年生草本。根常粗壮，有分枝，肉质，根颈上有少数宽卵形鳞片，并有翌年鳞片脱落痕迹。茎单条或2~6条自根颈并发，中间者直立，外方者弯曲上升，黑色，圆筒形而有微棱，有成行的毛，毛疏密多变。花序穗状而粗短，生于侧茎顶端者常为头状而短。是一个变化很大而分布也很广的种类，它在毛被的多少、花的大小和形状上的变异是极大的。花果期一般在7—8月。

**生态习性：** 一般生长在海拔2900~4600 m的石灰岩与湿山坡上。

**西藏分布：** 八宿、波密等。

**保护等级：** 未评估（IUCN：NE）。

# 小米草

**学名**：*Euphrasia pectinata* Tenore
**科名**：列当科 Orobanchaceae
**属名**：小米草属 *Euphrasia*

**形态特征**：一年生草本。植株直立，不分枝或下部分枝，被白色柔毛。叶与苞叶无柄，卵形至卵圆形，基部楔形，每边有数枚稍钝、急尖的锯齿，两面脉上及叶缘多少被刚毛，无腺毛。初花期短而花密集，逐渐伸长至果期果疏离。蒴果长矩圆状。种子白色。花果期一般在6—9月。

**生态习性**：一般生长在海拔2400～3900 m的生阴坡草地及灌丛中。

**西藏分布**：亚东、吉隆、聂拉木、普兰、察隅等。

**保护等级**：未评估（IUCN：NE）。

# 毛果婆婆纳

学名：*Veronica eriogyne* H. Winkl.
科名：车前科 Plantaginaceae
属名：婆婆纳属 *Veronica*

**形态特征：** 一年生或两年生草本。茎直立，不分枝或有时基部分枝，常有两列白色柔毛。叶披针形或线状披针形，边缘有整齐的浅锯齿，两面脉上生长柔毛，无柄。总状花序，侧生于茎近顶端叶腋，花密集，穗状，花序各部分被长柔毛；花冠紫或蓝色，花丝大部分贴生花冠上。蒴果长卵圆形，上部渐窄，顶端纯，被毛。种子卵状长圆形。花果期一般在7—9月。

**生态习性：** 一般生长在海拔2500～4500 m的高山草地。

**西藏分布：** 拉萨、昌都、江达、类乌齐、八宿、加查、索县、林芝、工布江达、米林、波密、察隅等。

**保护等级：** 无危（IUCN：LC）。

# 绵毛婆婆纳

**学名**：*Veronica lanuginosa* Benth. ex Hook. f.
**科名**：车前科 Plantaginaceae
**属名**：婆婆纳属 *Veronica*

**形态特征**：一年生或两年生草本。植株全体密被白色绵毛，呈白色。茎上升，有时中下部分枝，节间常很短。叶对生，下部的叶鳞片状，中上部的叶无柄，常密集着生且覆瓦状排列，圆形，全缘或有小齿。总状花序顶生，几乎头状。蒴果椭圆形，与花萼近等长，被柔毛。花果期一般在6—9月。

**生态习性**：一般生长在海拔4000~4700 m的高山上。

**西藏分布**：拉萨、定日等。

**保护等级**：无危（IUCN：LC）。

# 长果婆婆纳

**学名**：*Veronica ciliata* Fisch
**科名**：车前科 Plantaginaceae
**属名**：婆婆纳属 *Veronica*

**形态特征**：一年生或两年生草本。茎丛生，上升，不分枝或基部分枝，有两列或几乎遍布灰白色细柔毛。叶无柄或下部有极短的柄，叶片卵形至卵状披针形，全缘或中段有尖锯齿或整个边缘具尖锯齿，两面被柔毛或几乎变无毛。总状花序，侧生于茎顶端叶腋，短而花密集，几乎成头，少伸长的，除花冠外各部分被多细胞长柔毛或长硬毛。蒴果卵状锥形，狭长，顶端钝而微凹，几乎遍布长硬毛。种子矩圆状卵形。花果期一般在6—8月。

**生态习性**：一般生长在海拔3300～5800 m的高山草地。

**西藏分布**：林周、类乌齐、南木林、那曲、比如、安多、巴青、普兰、日土等。

**保护等级**：未评估（IUCN：NE）。

# 厚叶兔耳草

**学名**：*Lagotis crassifolia* Prain
**科名**：车前科 Plantaginaceae
**属名**：兔耳草属 *Lagotis*

**形态特征**：多年生草本。根状茎斜走，伸长，粗大，肉质。根多数，条形，有少数须根。茎多条，可达7~8条，稍细长，下部多平卧。基生叶多数，厚肉质，略皱，叶柄粗壮，叶片卵形至卵状矩圆形。穗状花序伸长，花冠自蓝紫色一直退至纯白色。果实矩圆形。花果期一般在7—9月。

**生态习性**：一般生长在海拔4200~5300 m的高山草地上。

**西藏分布**：林周、拉孜、定结、亚东、普兰、札达等。

**保护等级**：无危（IUCN：LC）。

# 杉叶藻

（螺旋杉叶藻、分枝杉叶藻）

**学名**：*Hippuris vulgaris* L.
**科名**：车前科 Plantaginaceae
**属名**：杉叶藻属 *Hippuris*

**形态特征**：多年生水生草本。全株无毛。茎直立，多节，常带紫红色，上部不分枝，挺出水面，下部合轴分枝，有匍匐白色或棕色肉质匍匐根茎，节上生多数纤细棕色须根，生于泥中。叶轮生，线形，全缘，具1脉。花单生叶腋，无柄，常为两性，稀单性。核果窄长圆形，光滑，顶端近平截，具宿存雄蕊及花柱。花果期一般在4—10月。

**生态习性**：一般生长在海拔3000～5000 m的池沼、湖泊、溪流、江河两岸等浅水处，稻田内等水湿处也有生长。

**西藏分布**：拉萨、八宿、芒康、扎囊、错那、南木林、定结、仲巴、嘉黎、普兰、日土、米林等。

**保护等级**：未评估（IUCN：NE）。

# 猪殃殃

（八仙草、爬拉殃、
光果拉拉藤、拉拉藤）

**学名**：*Galium spurium* L.

**科名**：茜草科 Rubiaceae

**属名**：拉拉藤属 *Galium*

**形态特征**：多枝、蔓生或攀缘状草本。茎有4棱。叶纸质或近膜质，先端有针状凸尖头，基部渐窄，两面常有紧贴刺毛，常萎软状，干后常卷缩，1脉，近无柄。聚伞花序腋生或顶生。果干燥，肿胀，无毛，果柄直。花果期一般在5月。

**生态习性**：一般生长在海拔2800～4600 m的山坡、旷野、沟边、河滩、田中、林缘、草地上。

**西藏分布**：拉萨、林周、昌都、类乌齐、察雅、左贡、隆子、错那、南木林、萨迦、吉隆、巴青、普兰、札达、林芝、米林、波密、察隅等。

**保护等级**：未评估（IUCN：NE）。

# 刚毛忍冬

**学名**：*Lonicera hispida* Pall. ex Roem. et Schult.
**科名**：忍冬科 Caprifoliaceae
**属名**：忍冬属 *Lonicera*

**形态特征**：落叶灌木。幼枝常带紫红色，连同叶柄和总花梗均具刚毛或兼具微糙毛和腺毛，很少无毛，老枝灰色或灰褐色。叶厚纸质，形状、大小和毛被变化很大，椭圆形、卵状椭圆形、卵状矩圆形至矩圆形。花冠白色或淡黄色，漏斗状，近整齐，外面有短糙毛或刚毛或几无毛，有时夹有腺毛，筒基部具囊，裂片直立，短于筒。果实先黄色后变红色，卵圆形至长圆筒形。种子淡褐色，矩圆形，稍扁。花期5—6月，果熟期7—9月。

**生态习性**：一般生长在海拔1700～4200 m的山坡林、林缘灌丛或高山草地上。

**西藏分布**：拉萨、林周、当雄、墨竹工卡、昌都、江达、贡觉、类乌齐、丁青、八宿、芒康、洛隆、山南、南木林、定日、定结、吉隆、聂拉木、嘉黎、申扎、索县、林芝、米林、波密、察隅等。

**保护等级**：无危（IUCN：LC）。

# 岩生忍冬

**学名**：*Lonicera rupicola* Hook. f. et Thoms.

**科名**：忍冬科 Caprifoliaceae

**属名**：忍冬属 *Lonicera*

**形态特征**：落叶灌木。幼枝和叶柄均被屈曲、白色短柔毛和微腺毛，或有时近无毛；小枝纤细，叶脱落后小枝顶常呈针刺状，有时伸长而平卧。叶纸质，轮生，很少对生，条状披针形、矩圆状披针形至矩圆形，顶端尖或稍具小凸尖或钝形，幼枝上部的叶有时完全无毛。花生于幼枝基部叶腋，芳香，总花梗极短；花冠淡紫色或紫红色，筒状钟形，外面常被微柔毛和微腺毛，内面尤其上端有柔毛，裂片卵形，开展。果实红色，椭圆形。种子淡褐色，矩圆形，扁。花期5—8月，果熟期8—10月。

**生态习性**：一般生长在海拔2100～4950 m的高山灌丛草甸、流石滩边缘、林缘河滩草地或山坡灌丛中。

**西藏分布**：拉萨、林周、墨竹工卡、昌都、江达、贡觉、类乌齐、八宿、左贡、芒康、琼结、错那、定日、亚东、聂拉木、嘉黎、索县、札达、噶尔、林芝、工布江达、察隅等。

**保护等级**：未评估（IUCN：NE）。

# 钻裂风铃草
（针叶风铃草）

**学名**：*Campanula aristata* Wall.
**科名**：桔梗科 Campanulaceae
**属名**：风铃草属 *Campanula*

**形态特征**：多年生草本。根胡萝卜状。茎通常2至数支丛生，直立。基生叶卵圆形至卵状椭圆形，具长柄；茎中下部的叶披针形至宽条形，具长柄，中上部的条形，无柄全缘或有疏齿，全部叶无毛。花冠蓝色或蓝紫色。蒴果圆柱状，下部略细些。种子长椭圆状，棕黄色。花果期一般在6—8月。

**生态习性**：一般生长在海拔3500～5000 m的草丛及灌丛中。

**西藏分布**：拉萨、墨竹工卡、江达、类乌齐、丁青、八宿、洛隆、错那、南木林、仲巴、聂拉木、安多、噶尔、日土、林芝、察隅、朗县等。

**保护等级**：无危（IUCN：LC）。

# 蓝钟花
（光萼蓝钟花、
光茎蓝钟花）

**学名：** *Cyananthus hookeri* C. B. Clarke
**科名：** 桔梗科 Campanulaceae
**属名：** 蓝钟花属 *Cyananthus*

**形态特征：** 一年生草本。茎通常数条丛生，近直立或上升，疏生开展的白色柔毛，基部生淡褐黄色柔毛或无毛。叶互生，花下数枚常聚集呈总苞状，菱形、菱状三角形或卵形，先端钝，基部宽楔形，突然变窄成叶柄，边缘有少数钝齿，稀全缘，两面被疏柔毛。花单生茎和分枝顶端。蒴果卵圆形，成熟时露出花萼外。种子长卵圆形。花果期一般在8—9月。

**生态习性：** 一般生长在海拔2700～4700 m的山坡草地、路旁或沟边。

**西藏分布：** 拉萨、墨竹工卡、类乌齐、乃东、贡嘎、洛扎、加查、隆子、错那、浪卡子、南木林、定结、亚东、吉隆、聂拉木、比如、索县、巴青、林芝、工布江达、察隅等。

**保护等级：** 无危（IUCN：LC）。

# 褐毛垂头菊

**学名**：*Cremanthodium brunneopilosum* S. W. Liu

**科名**：菊科 Asteraceae

**属名**：垂头菊属 *Cremanthodium*

**形态特征**：多年生草本。茎最上部被白色或褐色长柔毛。丛生叶与茎基部叶长椭圆形或披针形，全缘或有骨质小齿，上面光滑，下面脉有点状柔毛，叶脉羽状平行或平行。头状花序，通常呈总状花序，稀单生，辐射状；总苞半球形，舌状花黄色，舌片线状披针形，膜质透明；管状花多数，黄色，与花冠等长。花果期一般在6—9月。

**生态习性**：一般生长在海拔3000～4300 m的水边、沼泽草地或河滩草地。

**西藏分布**：拉萨、林周、日喀则、那曲等。

**保护等级**：无危（IUCN：LC）。

# 禾叶风毛菊

**学名**：*Saussurea graminea* Dunn
**科名**：菊科 Asteraceae
**属名**：风毛菊属 *Saussurea*

**形态特征**：多年生草本。茎密被白色绢状柔毛。基生叶及茎生叶窄线形，全缘，上面疏被绢状柔毛，下面密被绒毛，基部稍鞘状。头状花序单生莲端，总苞钟状，被绢状长柔毛，外层卵状披针形，中层长椭圆形，内层线形，小花紫色。瘦果圆柱状，无毛，顶端有小冠，淡黄褐色冠毛。花果期一般在7—8月。

**生态习性**：一般生长在海拔3400～5350 m的山坡草地、草甸、河滩草地等上和杜鹃、金露梅等灌丛下。

**西藏分布**：拉萨、当雄、昌都、江达、贡觉、类乌齐、八宿、措美、定日、萨迦、康马、仲巴、吉隆、聂拉木、那曲、安多、巴青、普兰、噶尔、改则、察隅等。

**保护等级**：无危（IUCN：LC）。

# 黑苞风毛菊

**学名**：*Saussurea melanotricha* Handel-Mazzetti
**科名**：菊科 Asteraceae
**属名**：风毛菊属 *Saussurea*

**形态特征**：多年生无茎或几无茎莲座状草本。根状茎被稠密的黑褐色的叶残迹。叶莲座状，椭圆形或匙状椭圆形，顶端圆形或钝，少急尖，边缘全缘或稀疏钝齿或浅波状浅裂，中脉在上面凹陷，在下面高起，上面灰色，被较稠密的贴伏白色长柔毛，下面灰白色，被稠密贴伏的白色绒毛。冠毛白色，羽毛状。瘦果圆柱状，无毛。花果期一般在8—9月。

**生态习性**：一般生长在海拔3750~4650 m的流石滩、开阔石质山坡。

**西藏分布**：拉萨、山南、日喀则、那曲等。

**保护等级**：无危（IUCN：LC）。

# 吉隆风毛菊
## （川藏风毛菊）

**学名**：*Saussurea andryaloides*（DC.）Sch.-Bip.

**科名**：菊科 Asteraceae

**属名**：风毛菊属 *Saussurea*

**形态特征**：多年生草本。茎极短，密被白色绒毛或几无茎。叶线状长圆形或倒披针形，羽状浅裂，钝三角形或偏斜三角形，上面疏被绒毛，下面密被白色绒毛。头状花序单生茎或根状顶端，总苞卵圆形，疏被柔毛，绿色，带紫红色或上部紫色，小花紫红色。瘦果圆柱状，淡褐色，冠毛白色。花果期一般在8—10月。

**生态习性**：一般生长在海拔3200～5400 m的砾石山坡、灌丛、草原、草甸、沙滩地、湖边小溪旁及山沟。

**西藏分布**：日土、革吉、普兰、仲巴、萨嘎、吉隆、聂拉木、定日、定结、措勤、改则、双湖、那曲等。

**保护等级**：无危（IUCN：LC）。

# 西藏风毛菊

**学名：** *Saussurea tibetica* C. Winkl.

**科名：** 菊科 Asteraceae

**属名：** 风毛菊属 *Saussurea*

**形态特征：** 多年生直立草本。茎禾秆色，密被灰白色长柔毛，有棱。叶线形，两面被灰白色长柔毛，下面的毛较密，边缘全缘，内卷，顶端急尖，基部扩大鞘状抱茎。冠毛污白色或淡黄褐色。瘦果倒卵状长圆形，顶端有小冠，无毛。花果期一般在7—8月。

**生态习性：** 一般生长在海拔4500 m左右的草原、草甸。

**西藏分布：** 拉萨、达孜、八宿、申扎、尼玛、日土、革吉、改则、林芝等。

**保护等级：** 无危（IUCN：LC）。

# 星状雪兔子

**学名：** *Saussurea stella* Maxim.
**科名：** 菊科 Asteraceae
**属名：** 风毛菊属 *Saussurea*

**形态特征：** 多年生草本。无茎莲座状草本，全株光滑无毛。根倒圆锥状，深褐色。叶莲座状，星状排列，线状披针形；无柄，中部以上长渐尖，向基部常卵状扩大，边缘全缘，两面同色，紫红色或近基部紫红色，或绿色，无毛。冠毛白色。瘦果圆柱状，顶端具膜质的冠状边缘。花果期一般在7—9月。

**生态习性：** 一般生长在海拔2000～5400 m的高山草地、山坡灌丛草地、河边或沼泽草地、河滩地。

**西藏分布：** 拉萨、当雄、昌都、贡觉、八宿、左贡、芒康、乃东、加查、隆子、南木林、谢通门、亚东、比如、巴青、林芝等。

**保护等级：** 无危（IUCN：LC）。

# 鼠麴雪兔子

**学名**：*Saussurea gnaphalodes*（Royle）Sch.-Bip.
**科名**：菊科 Asteraceae
**属名**：风毛菊属 *Saussurea*

**形态特征**：多年生丛生草本。根茎有数个莲座状叶丛。叶密集，长圆形或匙形，基部楔形渐狭柄，顶端钝或圆形，边缘全缘或上部边缘有稀疏的浅钝齿，最上部叶苞叶状，宽卵形，全部叶质地稍厚，两面同色，灰白色，被稠密的灰白色或黄褐色绒毛。冠毛鼠灰色，外层短，糙毛状，内层长，羽毛状。瘦果倒圆锥状，褐色。花果期一般在6—8月。

**生态习性**：一般生长在海拔2700～5700 m的山坡流石滩。

**西藏分布**：安多、班戈、亚东、双湖、日土、革吉、普兰、扎达、仲巴、定日、拉萨、聂拉木、林周、南木林、隆子、申扎、芒康、八宿等。

**保护等级**：无危（IUCN：LC）。

# 水母雪兔子
（水母雪莲花）

**学名**：*Saussurea medusa* Maxim.
**科名**：菊科 Asteraceae
**属名**：风毛菊属 *Saussurea*

**形态特征**：多年生草本。茎密被白色棉毛。叶密集，茎下部叶倒卵形、扇形、圆形、长圆形或菱形，上部叶卵形或卵状披针形，最上部叶线形或线状披针形，边缘有细齿；叶两面灰绿色，被白色长棉毛。头状花序在茎端密集成半球形总花序，为被棉毛的苞片所包围或半包围；总苞窄圆柱状；小花蓝紫色。瘦果纺锤形，浅褐色，冠毛白色。花果期一般在7—9月。

**生态习性**：一般生长在海拔3000～5600 m的多砾石山坡、高山流石滩。

**西藏分布**：察隅、扎达、普兰、改则、仲巴、林周、山南、八宿、左贡、江达、昌都、丁青、索县、安多、班戈、申扎、双湖等。

**保护等级**：数据缺乏（IUCN：DD）。

# 臭 蒿

学名：*Artemisia hedinii* Ostenf. et Pauls.

科名：菊科 Asteraceae

属名：蒿属 *Artemisia*

**形态特征：**一年生草本。茎、枝无毛或疏被腺毛状柔毛。叶下面微被腺毛状柔毛，基生叶密集成莲座状。头状花序半球形或近球形，在花序分枝上排成密穗状花序，在茎上组成密集窄圆锥花序，总苞片背面无毛或微有腺毛状柔毛，边缘紫褐色，膜质；花序托凸起，半球形。瘦果长圆状倒卵圆形。花果期一般在7—10月。

**生态习性：**一般生长在海拔2000～5000 m的湖边草地、河滩、砾质坡地、田边、路旁、林缘等。

**西藏分布：**拉萨、林周、日喀则、那曲等。

**保护等级：**无危（IUCN：LC）。

# 合头菊

**学名：** *Syncalathium kawaguchii*（Kitam.）Ling
**科名：** 菊科 Asteraceae
**属名：** 合头菊属 *Syncalathium*

**形态特征：** 一年生草本。根垂直直伸。茎极短缩，在接团伞花序处增粗。茎叶及团伞花序下方莲座状叶丛的叶倒披针形或椭圆形，全部叶两面无毛，暗紫红色。头状花序少数或多数，总苞狭圆柱状；舌状小花3枚，紫红色，舌片顶端截形，5微齿。瘦果长倒卵形，褐色，冠毛白色。花果期一般在6—10月。

**生态习性：** 一般生长在海拔3800～5400 m的山坡及河滩砾石地、流石滩。

**西藏分布：** 昌都、曲松、拉萨、工布江达、墨竹工卡、加查、隆子、措美、措那、林周、南木林、比如、索县等。

**保护等级：** 近危（IUCN：NT）。

# 弱小火绒草

**学名**：*Leontopodium pusillum*（Beauv.）Hand.-Mazz.

**科名**：菊科 Asteraceae

**属名**：火绒草属 *Leontopodium*

**形态特征**：多年生矮小草本。根茎分枝细长，丝状，有疏生褐色短叶鞘，顶端有不育的或生长花茎的莲座状叶丛。叶匙形或线状匙形。头状花序。瘦果无毛或稍有乳突。花果期一般在7—8月。

**生态习性**：一般生长在海拔3500～5000 m的高山雪线附近的草滩地、盐湖岸和石砾地，常大片生长，成为草滩上的主要植物。

**西藏分布**：拉萨、当雄、措美、隆子、错那、浪卡子、南木林、江孜、定日、昂仁、康马、定结、仲巴、吉隆、聂拉木、嘉黎、安多、申扎、班戈、普兰、札达、噶尔、日土、革吉、改则等。

**保护等级**：无危（IUCN：LC）。

# 葵花大蓟

学名：*Cirsium souliei*（Franch.）Mattf.
科名：菊科 Asteraceae
属名：蓟属 *Cirsium*

**形态特征：** 多年生铺散草本。无主茎。叶基生，莲座状，长椭圆形、椭圆状披针形或倒披针形，羽状浅裂、半裂、深裂或几全裂。头状花序集生莲座状叶丛中，花序梗极短，总苞片钟状，无毛，小花紫红色。瘦果浅黑色，长椭圆状倒圆锥形，冠毛白、污白或稍浅褐色。花果期一般在7—9月。

**生态习性：** 一般生长在海拔1930~4800 m的山坡路旁、林缘、荒地、河滩地、田间、水旁潮湿地。

**西藏分布：** 拉萨、江达、类乌齐、加查、南木林、亚东、那曲、察隅等。

**保护等级：** 未评估（IUCN：NE）。

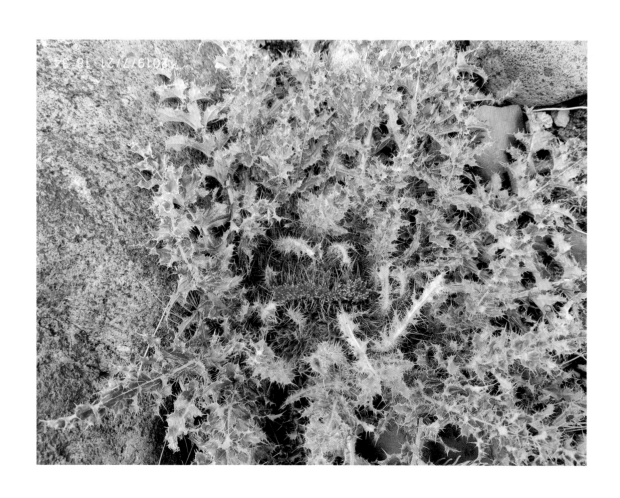

# 川西小黄菊

**学名**：*Tanacetum tatsienense*（Bureau & Franchet）K. Bremer & Humphries

**科名**：菊科 Asteraceae

**属名**：菊蒿属 *Tanacetum*

**形态特征**：多年生草本。茎被弯曲长单毛。基生叶椭圆形或长椭圆形。头状花序单生茎顶，舌状花橘黄色或微带橘红色，舌片线形或宽线形。瘦果长约3 mm，有5~8条椭圆形纵肋；冠状冠毛长0.1 mm，裂至基部。花果期一般在7—9月。

**生态习性**：一般生长在海拔3500~5200 m的高山草甸、灌丛或杜鹃灌丛、山坡砾石地。

**西藏分布**：拉萨、当雄、达孜、墨竹工卡、昌都、江达、丁青、八宿、索县、林芝、工布江达、波密、察隅等。

**保护等级**：未评估（IUCN：NE）。

# 空桶参

学名：*Soroseris erysimoides*（Hand.-Mazz.）Shih

科名：菊科 Asteraceae

属名：绢毛苣属 *Soroseris*

形态特征：多年生草本。茎不分枝，无毛或上部被白色柔毛。中下部茎生叶线状舌形、椭圆形或线状长椭圆形，基部楔形渐窄成柄，全缘或皱波状，上部叶及团伞花序下部的叶与中下部叶同形，叶两面无毛或叶柄被柔毛。头状花序，总苞窄圆柱状，舌状小花黄色。瘦果微扁，红棕色，近圆柱状，冠毛鼠灰或淡黄色。花果期一般在6—10月。

生态习性：一般生长在海拔3300～5500 m的高山灌丛、草甸、流石滩或碎石带。

西藏分布：拉萨、林周、达孜、错那、亚东、比如、安多、索县、札达、日土等。

保护等级：无危（IUCN：LC）。

# 皱叶绢毛苣

（硬毛金沙绢毛苣、金沙绢毛苣、羽裂绢毛苣）

学名：*Soroseris hookeriana*
（C. B. Clarke）Stebbins
科名：菊科 Asteraceae
属名：绢毛苣属 *Soroseris*

形态特征：多年生草本。根长，垂直直伸，倒圆锥状。茎极短或几无茎。叶稠密，集中排列在团伞花序下部，线形或长椭圆形，皱波状羽状浅裂或深裂，叶柄与叶片被稀疏或稠密的长硬毛，极少无毛。头状花序多数在茎端排成团伞状花序，总苞狭圆柱状；舌状小花黄色，4枚。瘦果长倒圆锥状，微压扁，下部收窄，顶端截形，冠毛鼠灰色或浅黄色，细锯齿状。花果期一般在7—8月。

生态习性：一般生长在海拔4980～5450 m的高山草甸、灌丛、冰川石缝中。

西藏分布：拉萨、左贡、隆子、错那、南木林、定日、昂仁、定结、仲巴、亚东、萨嘎、安多、普兰、革吉等。

保护等级：无危（IUCN：LC）。

# 垫状女蒿

学名：*Hippolytia kennedyi*（Dunn）Ling

科名：菊科 Asteraceae

属名：女蒿属 *Hippolytia*

形态特征：多年生矮小草本。根茎分枝细长，丝状，有疏生褐色短叶鞘，顶端有不育的或生长花茎的莲座状叶丛。叶匙形或线状匙形。头状花序。瘦果无毛或稍有乳突。花果期一般在7—8月。

生态习性：一般生长在海拔3500～5000 m的高山雪线附近的草滩地、盐湖岸和石砾地，常大片生长，成为草滩上的主要植物。

西藏分布：拉萨、尼木、达孜、加查、朗县等。

保护等级：数据缺乏（IUCN：DD）。

# 白花蒲公英

**学名**：*Taraxacum albiflos* Kirschner & Štepanek
**科名**：菊科 Asteraceae
**属名**：蒲公英属 *Taraxacum*

**形态特征**：多年生矮小草本。根颈部被大量黑褐色残存叶基。叶线状披针形，近全缘至具浅裂。头状花序，舌状花通常白色，稀淡黄色，边缘花舌片背面有暗色条纹，柱头干时黑色。瘦果倒卵状长圆形，枯麦秆黄色至淡褐色或灰褐色。花果期一般在6—8月。

**生态习性**：一般生长在海拔2500～6000 m的山坡湿润草地、沟谷、河滩草地以及沼泽草甸处。

**西藏分布**：拉萨、林周、山南、双湖、阿里等。

**保护等级**：未评估（IUCN：NE）。

# 毛柄蒲公英

学名：*Taraxacum eriopodum*（D. Don）DC.
科名：菊科 Asteraceae
属名：蒲公英属 *Taraxacum*

**形态特征：** 多年生矮小草本。叶倒披针形，羽状浅裂或半裂，稀不裂，钝三角形或线形，平展或倒向，全缘，顶端裂片稍宽。头状花序，总苞钟形。瘦果淡麦秆黄色、淡黄色。花果期一般在8—10月。

**生态习性：** 一般生长在海拔3000~5300 m的山坡草地、河边沼泽地上。

**西藏分布：** 普兰、工布江达。

**保护等级：** 无危（IUCN：LC）。

# 红指香青

学名：*Anaphalis rhododactyla* W. W. Smith.
科名：菊科 Asteraceae
属名：香青属 *Anaphalis*

**形态特征：** 多年生草本。根茎粗壮。基部叶倒卵状或匙状长圆形，下部渐窄成长柄，中部叶匙状或披针状长圆形，基部沿茎下延成窄翅，上部叶披针形或线形，有膜质长尖头，叶被灰色棉毛或蛛丝状毛，有离基3出脉。花茎与不育茎常密集成垫状，被灰色或黄白色密棉毛，叶较密，头状花序密集成伞房状，总苞宽钟状。瘦果长圆形，被密腺体。花果期一般在7—9月。

**生态习性：** 一般生长在海拔3800～4200 m的高山草地、开阔坡地或石灰岩缝隙上。

**西藏分布：** 八宿、日土、墨脱、察隅等。

**保护等级：** 无危（IUCN：LC）。

# 木根香青

**学名：** *Anaphalis xylorhiza* Sch.-Bip. ex Hook. f.

**科名：** 菊科 Asteraceae

**属名：** 香青属 *Anaphalis*

**形态特征：** 多年生草本。植株被白色或灰白色蛛丝状毛或薄棉毛。叶密生，莲座状叶与茎下部叶匙形、长圆状或线状匙形，下部渐窄成宽翅状长柄；上部叶直立，倒披针状或线状长圆形，基部稍沿茎下延成短窄翅；叶两面被白色或褐色疏棉毛，基部和上面除边缘外常脱毛露出腺毛，有3出脉，或上部叶单脉。头状花序密集成复伞房状，总苞宽钟状或倒锥状。瘦果长圆状倒卵圆形，被微毛。花果期一般在7—10月。

**生态习性：** 一般生长在海拔3800～4000 m的高山草地、草原和苔藓中。

**西藏分布：** 拉萨、当雄、达孜、墨竹工卡、江达、贡觉、丁青、八宿、左贡、芒康、琼结、措美、错那、南木林、江孜、定日、萨迦、定结、仲巴、聂拉木、萨嘎、那曲、索县、班戈、尼玛、察隅等。

**保护等级：** 无危（IUCN：LC）。

# 乳白香青

**学名：** *Anaphalis lactea* Maxim.

**科名：** 菊科 Asteraceae

**属名：** 香青属 *Anaphalis*

**形态特征：** 多年生草本。根状茎粗壮。莲座状叶丛或花茎常丛生，全部叶被白色或灰白色密棉毛，有离基3出脉或1脉。头状花序在茎枝端密集成复伞房状，总苞钟状。瘦果圆柱形，近无毛。花果期一般在7—9月。

**生态习性：** 一般生长在海拔2000～4000 m的亚高山、低山草地、针叶林下。

**西藏分布：** 拉萨、类乌齐、丁青、八宿、芒康、曲松、波密等。

**保护等级：** 未评估（IUCN：NE）。

# 铺散亚菊

**学名**：*Ajania khartensis*（Dunn）Shih
**科名**：菊科 Asteraceae
**属名**：亚菊属 *Ajania*

**形态特征**：多年生铺散草本。叶圆形、半圆形、扇形或宽楔形，2回掌状3～5全裂，小裂片椭圆形；接花序下部的叶和下部或基部叶常3裂；两面灰白色，被贴伏柔毛。花茎和不育茎被贴伏柔毛。头状花序，瘦果长1.2 mm。花果期一般在7—9月。

**生态习性**：一般生长在海拔2500～5300 m的山坡。

**西藏分布**：昌都、类乌齐、丁青、措美、隆子、错那、萨迦、亚东、吉隆、安多、改则、察隅。

**保护等级**：无危（IUCN：LC）。

# 紫花亚菊

**学名**：*Ajania purpurea* Shih

**科名**：菊科 Asteraceae

**属名**：亚菊属 *Ajania*

**形态特征**：小半灌木。主根长，直深。老枝浅黑色或淡褐色，由不定芽发出多数花枝和不育枝；当年枝被稠密的短绒毛。叶全形椭圆形或偏斜椭圆形。头状花序。瘦果长2.5 mm。花果期一般在8—10月。

**生态习性**：一般生长在海拔4800～5300 m的高山砾石堆、高山草甸、灌丛中。

**西藏分布**：拉萨、林周、加查、隆子、南木林、萨嘎、普兰、林芝等。

**保护等级**：无危（IUCN：LC）。

# 缘毛紫菀

学名：*Aster souliei* Franch.

科名：菊科 Asteraceae

属名：紫菀属 *Aster*

形态特征：多年生草本。根茎粗壮；莲座状叶与茎基部叶倒卵圆形、长圆状匙形或倒披针形，叶两面近无毛，或上面近边缘而下面沿脉被疏毛，有白色长缘毛。头状花序。瘦果卵圆形，稍扁，被密粗毛。花果期一般在5—8月。

生态习性：一般生长在海拔2700~4000 m的高山针林外缘、灌丛、山坡草地。

西藏分布：拉萨、墨竹工卡、昌都、江达、贡觉、类乌齐、丁青、察雅、八宿、左贡、乃东、错那、吉隆、林芝、米林、波密、察隅等。

保护等级：无危（IUCN：LC）。

# 小眼子菜

学名：*Potamogeton pusillus* L. L
科名：眼子菜科 Potamogetonaceae
属名：眼子菜属 *Potamogeton*

**形态特征**：沉水草本，无根茎。茎椭圆状柱形或近圆柱形，纤细，具分枝，近基部常匍匐地面，节疏生白色须根，茎节无腺体，偶有不明显腺体。叶线形，先端渐尖，全缘。穗状花序顶生，间断排列；花序梗与茎相似或稍粗于茎；花小，绿色。果斜倒卵圆形，顶端具稍后弯短喙，龙骨脊钝圆。花果期一般在5—10月。

**生态习性**：一般生长在池塘、湖泊、沼地、水田及沟渠等静水或缓流之中。

**西藏分布**：拉萨、日喀则、吉隆、察隅等。

**保护等级**：无危（IUCN：LC）。

## 矮生嵩草

**学名**：*Kobresia humilis*（C. A. Mey ex Trauvt.）Sergievskaya.

**科名**：莎草科 Cyperaceae

**属名**：嵩草属 *Kobresia*

**形态特征**：根状茎短。秆密丛生，矮小，坚挺，钝三棱形，基部具褐色的宿存叶鞘。叶短于秆，稍坚挺，下部对折，上部平张，边缘稍粗糙。穗状花序椭圆形或长圆形；鳞片长圆形或宽卵形，顶端圆或钝，无短尖，纸质，两侧褐色，具狭的白色膜质边缘，中间绿色，有3条脉。小坚果椭圆形或倒卵形、三棱形，成熟时暗灰褐色，有光泽，基部几无柄，顶端具短喙。花果期一般在6—9月。

**生态习性**：一般生长在海拔2500～3200 m的亚高山草甸带山坡阳处。

**西藏分布**：当雄、丁青、八宿、芒康、措美、错那、萨迦、亚东、那曲、聂荣、申扎、索县、札达、噶尔、改则、察隅等。

**保护等级**：无危（IUCN：LC）。

# 高山嵩草

学名：*Kobresia pygmaea*（C. B. Clarke）C. B. Clarke
科名：莎草科 Cyperaceae
属名：嵩草属 *Kobresia*

**形态特征：** 垫状草本。秆圆柱形，有细棱，无毛，基部具密集的褐色宿存叶鞘。叶与秆近等长，线形，坚挺，腹面具沟，边缘粗糙；先出叶椭圆形，膜质，褐色，顶端带白色，钝，在腹面，边缘分离达基部，背面具粗糙的2脊。穗状花序雄雌顺序；雄花鳞片长圆状披针形，膜质，褐色；雌花鳞片宽卵形、卵形或卵状长圆形，顶端圆形或钝，具短尖或短芒，纸质，两侧褐色。小坚果椭圆形或倒卵状椭圆形、扁三棱形，成熟时暗褐色，无光泽，顶端几无喙。

**生态习性：** 一般生长在海拔3200～5400 m的高山灌丛草甸和高山草甸。

**西藏分布：** 拉萨、当雄、江达、贡觉、丁青、八宿、左贡、芒康、山南、日喀则、亚东、吉隆、聂拉木、嘉黎、安多、申扎、索县、班戈、普兰、札达、日土、革吉、改则、措勤、墨脱、察隅、朗县等。

**保护等级：** 无危（IUCN：LC）。

# 禾叶嵩草

**学名**：*Kobresia graminifolia* C. B. Clarke
**科名**：莎草科 Cyperaceae
**属名**：嵩草属 *Kobresia*

**形态特征**：根状茎短。秆密丛生，直立，坚挺，三棱形，光滑，基部的宿存叶鞘淡褐色，有光泽。叶短于秆或与秆近等长，对折，线形，边缘粗糙，柔软；先出叶狭椭圆形，纸质，下部黄白色，上部褐色，在腹面，边缘分离几至基部，背面具微粗糙的2脊，脊间无脉或具细脉，顶端白色膜质，截形或浅2裂。穗状花序单性，雌雄异株。小坚果狭椭圆形、三棱形，成熟后淡褐色，基部具短柄，顶端渐狭成圆锥状的喙，不伸出或略伸出先出叶之外。花果期一般在6—9月。

**生态习性**：一般生长在海拔3100～3800 m的山顶、岩缝中或林间草地。

**西藏分布**：左贡、加查、尼玛等。

**保护等级**：无危（IUCN：LC）。

# 西藏嵩草

**学名**：*Kobresia tibetica* Maximowicz
**科名**：莎草科 Cyperaceae
**属名**：嵩草属 *Kobresia*

**形态特征**：根状茎短。秆密丛生，纤细，稍坚挺，钝三棱形，基部具褐色至褐棕色的宿存叶鞘。叶短于秆，丝状，柔软，腹面具沟；先出叶长圆形或卵状长圆形，膜质，淡褐色，在腹面边缘分离几至基部，背面无脊无脉，顶端截形或微凹。穗状花序椭圆形或长圆形。小坚果椭圆形、长圆形或倒卵状长圆形、扁三棱形，成熟时暗灰色，有光泽，基部几无柄，顶端骤缩成短喙。花果期一般在5—8月。

**生态习性**：一般生长在海拔3000~4600 m的河滩地、湿润草地、高山灌丛草甸。

**西藏分布**：林周、八宿、芒康、错那、安多、察隅。

**保护等级**：无危（IUCN：LC）。

# 喜马拉雅嵩草

**学名：** *Kobresia royleana*（Nees）Bocklr.
**科名：** 莎草科 Cyperaceae
**属名：** 嵩草属 *Kobresia*

**形态特征：** 根状茎短或稍延长。秆密丛生或疏丛生，稍坚挺，下部圆柱形，上部钝三棱形，光滑；基部的宿存叶鞘深褐色，稀疏，通常不形成密丛。叶短于秆，平张，无毛，边缘稍粗糙。圆锥花序紧缩成穗状，卵形、卵状长圆形或椭圆形。小坚果长圆形或倒卵状长圆形、三棱形，成熟时淡灰褐色，有光泽，基部几无柄，顶端收缩成短喙。

**生态习性：** 一般生长在海拔3700～5300 m的高山草甸、高山灌丛草甸、沼泽草甸、河漫滩等。

**西藏分布：** 拉萨、当雄、江达、八宿、芒康、措美、错那、南木林、定日、昂仁、定结、仲巴、亚东、吉隆、聂拉木、那曲、嘉黎、比如、聂荣、安多、班戈、尼玛、普兰、札达、噶尔、日土、林芝等。

**保护等级：** 未评估（IUCN：NE）。

# 线叶嵩草

**学名：** *Kobresia capillifolia*（Decne.）C. B. Clarke
**科名：** 莎草科 Cyperaceae
**属名：** 嵩草属 *Kobresia*

**形态特征：** 根状茎短，秆密丛生，纤细，柔软，钝三棱形，基部具栗褐色宿存叶鞘。叶短于秆，柔软，丝状，腹面具沟。穗状花序线状圆柱形；鳞片长圆形、椭圆形至披针形，顶端渐尖或钝，纸质，褐色或栗褐色，边缘为宽的白色膜质，中间淡褐色，具3条脉。小坚果椭圆形或倒卵状椭圆形，少有长圆形，三棱形或扁三棱形，成熟时深灰褐色，有光泽，基部几无柄，顶端具短喙或几无喙。花果期5—9月。

**生态习性：** 一般生长在海拔1800～4800 m的山坡灌丛草甸、林边草地或湿润草地等。

**西藏分布：** 江达、八宿、措美、仲巴、聂拉木、萨嘎、比如、安多、索县、札达、林芝、米林等。

**保护等级：** 无危（IUCN：LC）。

# 藏北薹草

**学名：** *Carex satakeana* T. Koyama

**科名：** 莎草科 Cyperaceae

**属名：** 薹草属 *Carex*

**形态特征：** 根状茎短，近木质，无匍匐茎。秆纤细，锐三棱形，平滑，坚硬，直立，上部多少弯曲；基部叶鞘具叶或无叶片，褐色，分裂成纤维状。叶短于秆，线形，坚硬，平张或对折，边缘粗糙，先端渐尖。苞片最下部的刚毛状，无鞘，上部的鳞片状，暗褐色；雌花鳞片卵状长圆形，顶端钝，深褐色或栗色，中脉淡黄绿色。果囊宽于并稍长于鳞片，宽卵形或近圆形，平凸状，无毛，近无脉，上部深褐色，下部苍白色，基部具短柄，顶端圆形，喙短，直立，喙口截形。小坚果紧包于果囊中，倒卵状圆形，红褐色。花果期一般在6月。

**生态习性：** 生长于海拔3700 ~ 4800 m的河滩潮湿草甸及山坡。

**西藏分布：** 日喀则 、吉隆、札达等。

**保护等级：** 近危（IUCN：NT）。

# 甘肃薹草

学名：*Carex kansuensis* Nelmes
科名：莎草科 Cyperaceae
属名：薹草属 *Carex*

**形态特征**：根状茎短。秆丛生，锐三棱形，坚硬，基部具紫红色、无叶片的叶鞘。叶短于秆，平张，边缘粗糙。雌花鳞片椭圆状披针形，顶端渐尖，暗紫色，边缘具狭的白色膜质。果囊近等长于鳞片，压扁，麦秆黄色，有时上部黄褐色或具紫红色斑点，无脉，顶端急缩成短喙，喙口具2齿。小坚果疏松地包于果囊中，长圆形或倒卵状长圆形，三棱形。花果期一般在7—9月。

**生态习性**：一般生长在海拔3400～4600 m的高山灌丛草甸、湖泊岸边、湿润草地。

**西藏分布**：错那、林芝等。

**保护等级**：无危（IUCN：LC）。

# 青藏薹草

**学名：** *Carex moorcroftii* Falc. ex Boott
**科名：** 莎草科 Cyperaceae
**属名：** 薹草属 *Carex*

**形态特征：** 匍匐根状茎粗壮，外被撕裂成纤维状的残存叶鞘。秆三棱形，坚硬，基部具褐色分裂成纤维状的叶鞘。叶短于秆，平张，革质，边缘粗糙。雌花鳞片卵状披针形，顶端渐尖；紫红色，具宽的白色膜质边缘。果囊等长或稍短于鳞片，椭圆状倒卵形、三棱形，革质，黄绿色，上部紫色，脉不明显，顶端急缩成短喙，喙口具2齿。小坚果倒卵形、三棱形。花果期一般为7—9月。

**生态习性：** 一般生长在海拔3400～5700 m的高山灌丛草甸、高山草甸、湖边草地或低洼处。

**西藏分布：** 芒康、定日、那曲、申扎、班戈、尼玛、阿里、普兰、札达、日土、改则、措勤等。

**保护等级：** 无危（IUCN：LC）。

# 锡金灯心草

**学名**：*Juncus sikkimensis* Hook. f.
**科名**：灯心草科 Juncaceae
**属名**：灯心草属 *Juncus*

**形态特征**：多年生草本。茎圆柱形，稍扁。叶全基生，低出叶鞘状，棕褐或红褐色，叶片近圆柱形或稍扁，有时具棕色小点；叶鞘边缘膜质，具圆钝叶耳。花序假侧生，具2个头状花序，叶状苞片顶生，直立，卵状披针形。蒴果三棱状卵形，有喙。种子长圆形，锯屑状。花果期一般在6—9月。

**生态习性**：一般生长在海拔4000～4600 m的山坡草丛、林下、沼泽湿地。

**西藏分布**：达孜、仲巴、萨嘎、巴青、工布江达、米林、墨脱、波密、察隅等。

**保护等级**：无危（IUCN：LC）。

# 展苞灯心草

**学名**：*Juncus thomsonii* Buchen.
**科名**：灯心草科 Juncaceae
**属名**：灯心草属 *Juncus*

**形态特征**：多年生草本。茎丛生，圆柱形，淡绿色。叶基生，细线形，先端有胼胝体，叶鞘红褐色，边缘膜质，叶耳纯圆。头状花序单一顶生。蒴果三棱状椭圆形，红褐至黑褐色。种子圆形。花果期一般在6—9月。

**生态习性**：一般生长在海拔4000～4600 m的山坡草丛、林下、沼泽湿地。

**西藏分布**：达孜、仲巴、萨嘎、巴青、工布江达、米林、墨脱、波密、察隅等。

**保护等级**：无危（IUCN：LC）。

# 青甘韭

学名：*Allium przewalskianum* Regel
科名：石蒜科 Amaryllidaceae
属名：葱属 *Allium*

**形态特征：** 鳞茎数枚聚生，有时同为外皮所包，窄卵状圆柱形，外皮红色，稀淡褐色，网状。叶半圆柱状或圆柱状，具4～5纵棱，短于或稍长于花葶。花梗近等长，长为花被片2～3倍，无小苞片，稀具少数小苞片；花淡红或深紫色；内轮花被片长圆形或长圆状披针形，外轮稍短，卵形或窄卵形。花果期一般为6—9月。

**生态习性：** 一般生长在海拔2000～4800 m的干旱山坡、石缝、灌丛下或草坡。

**西藏分布：** 当雄、昌都、丁青、八宿、洛隆、措美、江孜、康马、吉隆、聂拉木、申扎、索县、班戈、巴青、尼玛、普兰、札达、噶尔、日土、革吉、改则、米林、察隅等。

**保护等级：** 无危（IUCN：LC）。

# 太白韭

**学名**：*Allium prattii* C. H. Wright ex Hemsl.

**科名**：石蒜科 Amaryllidaceae

**属名**：葱属 *Allium*

**形态特征**：鳞茎单生或聚生，近圆柱状，外皮灰褐或黑褐色，网状。叶近对生，线形、线状披针形、椭圆状披针形或椭圆状倒披针形，稀窄楠圆形，短于或近等长于花葶，基部渐窄成不明显叶柄。花梗近等长，无小苞片；花紫红或淡红色，稀近白色；内轮花被片披针状长圆形或窄长圆形，先端钝或凹缺，有时具小齿，外轮窄卵形、长圆状卵形或长圆形，先端钝或凹缺，有时具小齿。花果期一般为6—9月。

**生态习性**：一般生长在海拔2000～4900 m的阴湿山坡、沟边、灌丛或林下、山坡流砂或高原草地。

**西藏分布**：昌都、江达、贡觉、类乌齐、八宿、左贡、芒康、洛隆、错那、亚东、吉隆、聂拉木、比如、索县、林芝、工布江达、米林、波密、察隅等。

**保护等级**：无危（IUCN：LC）。

# 蓝花卷鞘鸢尾

学名：*Iris potaninii* var. *ionantha* Y. T. Zhao
科名：鸢尾科 Iridaceae
属名：鸢尾属 *Iris*

**形态特征：** 本变种花为蓝紫色，多年生草本。植株基部围有大量老叶叶鞘的残留纤维，棕褐色或黄褐色，毛发状，向外反卷。根状茎木质，块状，很短。根粗而长，黄白色，近肉质，少分枝。叶条形，花茎极短，不伸出地面，基部生有1~2枚鞘状叶。花黄色；花梗甚短或无；下部丝状，上部逐渐扩大成喇叭形。果实椭圆形，顶端有短喙，成熟时沿室背开裂，顶端相连。种子梨形，棕色，表面有皱纹。花期5—6月，果期7—9月。

**生态习性：** 一般生长在海拔3200 m以上的石质山坡或干山坡。

**西藏分布：** 当雄、昌都、聂拉木、那曲、嘉黎、索县、班戈等。

**保护等级：** 无危（IUCN：LC）。

# 角盘兰

**学名**：*Herminium monorchis*（L.）R. Br.

**科名**：兰科 Orchidaceae

**属名**：角盘兰属 *Herminium*

**形态特征**：多年生草本。块茎球形。叶窄椭圆状披针形或窄椭圆形，先端尖。花序具多花，苞片线状披针形，先端长渐尖尾状；花黄绿色，垂头，钩手状，花瓣近菱形。花果期一般在6—8月。

**生态习性**：一般生长在海拔600～4500 m的山坡阔叶林至针叶林下、灌丛下、山坡草地或河滩沼泽草地中。

**西藏分布**：拉萨、江达、察雅、八宿、洛隆、加查、隆子、错那、南木林、吉隆、林芝、米林、波密等。

**保护等级**：近危（IUCN：NT）。

# 麦地卡湿地植物名录

| 序号 | 种 名 | 拉丁名 | 序号 | 种 名 | 拉丁名 |
|---|---|---|---|---|---|
| 1 | 矮金莲花 | *Trollius farreri* | 23 | 垂头虎耳草 | *Saxifraga nigroglandulifera* |
| 2 | 矮生嵩草 | *Kobresia humilis* | 24 | 簇生泉卷耳 | *Cerastium fontanum* subsp. *vulgare* |
| 3 | 矮泽芹 | *Kobresia humilis* | 25 | 大花红景天 | *Rhodiola crenulata* |
| 4 | 白苞筋骨草 | *Ajuga lupulina* | 26 | 大叶报春 | *Primula macrophylla* |
| 5 | 白花蒲公英 | *Taraxacum albiflos* | 27 | 倒提壶 | *Cynoglossum amabile* |
| 6 | 白花枝子花 | *Dracocephalum heterophyllum* | 28 | 单子麻黄 | *Ephedra monosperma* |
| 7 | 白蓝翠雀花 | *Delphinium albocoeruleum* | 29 | 垫状点地梅 | *Androsace tapete* |
| 8 | 棒腺虎耳草 | *Saxifraga consanguinea* | 30 | 垫状金露梅 | *Potentilla fruticosa* var. *pumila* |
| 9 | 变黑蝇子草 | *Silene nigrescens* | 31 | 垫状棱子芹 | *Pleurospermum hedinii* |
| 10 | 冰川翠雀 | *Delphinium glaciale* | 32 | 垫状女蒿 | *Hippolytia kennedyi* |
| 11 | 冰川棘豆 | *Oxytropis proboscidea* | 33 | 垫状蝇子草 | *Silene davidii* |
| 12 | 白花藏芥 | *Phaeonychium albiflorum* | 34 | 叠裂银莲花 | *Anemone imbricata* |
| 13 | 糙野青茅 | *Deyeuxia scabrescens* | 35 | 钉柱委陵菜 | *Potentilla saundersiana* |
| 14 | 草地早熟禾 | *Poa pratensis* | 36 | 独花乌头 | *Aconitum polyanthum* |
| 15 | 草玉梅 | *Anemone rivularis* | 37 | 独一味 | *Lamiophlomis rotata* |
| 16 | 叉枝虎耳草 | *Saxifraga divaricata* | 38 | 多刺绿绒蒿 | *Meconopsis horridula* |
| 17 | 长鞭红景天 | *Rhodiola fastigiata* | 39 | 发草 | *Deschampsia cespitosa* |
| 18 | 长果婆婆纳 | *Veronica ciliata* | 40 | 繁缕 | *Stellaria media* |
| 19 | 长茎毛茛 | *Ranunculus nephelogenes* var. *longicaulis* | 41 | 伏毛铁棒锤 | *Aconitum flavum* |
| 20 | 臭蒿 | *Artemisia hedinii* | 42 | 甘肃薹草 | *Carex kansuensis* |
| 21 | 川西小黄菊 | *Tanacetum tatsienense* | 43 | 刚毛忍冬 | *Lonicera hispida* |
| 22 | 垂穗披碱草 | *Elymus nutans* | 44 | 高山大戟 | *Euphorbia stracheyi* |

| 序号 | 种 名 | 拉丁名 | 序号 | 种 名 | 拉丁名 |
|---|---|---|---|---|---|
| 45 | 高山韭 | *Allium sikkimense* | 68 | 棘豆属 | *Oxytropis* sp |
| 46 | 高山嵩草 | *Kobresia pygmaea* | 69 | 假水龙胆 | *Gentiana pseudoaquatica* |
| 47 | 高山唐松草 | *Thalictrum alpinum* | 70 | 尖果寒原荠 | *Aphragmus oxycarpus* |
| 48 | 高山绣线菊 | *Spiraea alpina* | 71 | 尖突黄堇 | *Corydalis mucronifera* |
| 49 | 高山野决明 | *Thermopsis alpina* | 72 | 角盘兰 | *Herminium monorchis* |
| 50 | 高山早熟禾 | *Poa alpina* | 73 | 蕨麻 | *Potentilla anserina* |
| 51 | 高原毛茛 | *Ranunculus tanguticus* | 74 | 空桶参 | *Soroseris erysimoides* |
| 52 | 高原荨麻 | *Urtica hyperborea* | 75 | 宽叶变黑蝇子草 | *Silene nigrescens* subsp. *latifolia* |
| 53 | 关节委陵菜 | *Potentilla articulata* | 76 | 葵花大蓟 | *Cirsium souliei* |
| 54 | 管状长花马先蒿 | *Pedicularis longiflora* var. *tubiformis* | 77 | 拉哈尔早熟禾 | *Poa albertii* subsp. *lahulensis* |
| 55 | 禾叶风毛菊 | *Saussurea graminea* | 78 | 蓝白龙胆 | *Gentiana leucomelaena* |
| 56 | 禾叶嵩草 | *Kobresia graminifolia* | 79 | 蓝花卷鞘鸢尾 | *Iris potaninii* var. *ionantha* |
| 57 | 合萼肋柱花 | *Lomatogonium gamosepalum* | 80 | 蓝钟花 | *Cyananthus hookeri* |
| 58 | 合头菊 | *Syncalathium kawaguchii* | 81 | 浪穹紫堇 | *Corydalis pachycentra* |
| 59 | 褐毛垂头菊 | *Cremanthodium brunneopilosum* | 82 | 肋柱花 | *Lomatogonium carinthiacum* |
| 60 | 黑苞风毛菊 | *Saussurea melanotricha* | 83 | 镰萼喉毛花 | *Comastoma falcatum* |
| 61 | 黑蕊虎耳草 | *Saxifraga melanocentra* | 84 | 裂叶独活 | *Heracleum millefolium* |
| 62 | 红指香青 | *Anaphalis rhododactyla* | 85 | 瘤果芹 | *Trachydium roylei* |
| 63 | 厚边龙胆 | *Gentiana simulatrix* | 86 | 罗氏马先蒿 | *Pedicularis roylei* |
| 64 | 厚叶兔耳草 | *Lagotis crassifolia* | 87 | 麻花艽 | *Gentiana straminea* |
| 65 | 花葶驴蹄草 | *Caltha scaposa* | 88 | 马尿泡 | *Przewalskia tangutica* |
| 66 | 芨芨草 | *Achnatherum splendens* | 89 | 芒颖披碱草 | *Elymus aristiglumis* |
| 67 | 吉隆风毛菊 | *Saussurea andryaloides* | 90 | 毛柄蒲公英 | *Taraxacum eriopodum* |

| 序号 | 种名 | 拉丁名 | 序号 | 种名 | 拉丁名 |
|---|---|---|---|---|---|
| 91 | 毛翠雀花 | *Delphinium trichophorum* | 114 | 普氏马先蒿 | *Pedicularis przewalskii* |
| 92 | 毛茛状金莲花 | *Trollius ranunculoides* | 115 | 青藏垫柳 | *Salix lindleyana* |
| 93 | 毛果草 | *Lasiocaryum densiflorum* | 116 | 青藏棱子芹 | *Pleurospermum pulszkyi* |
| 94 | 毛果婆婆纳 | *Veronica eriogyne* | 117 | 青藏薹草 | *Carex moorcroftii* |
| 95 | 毛莲蒿 | *Artemisia vestita* | 118 | 青甘韭 | *Allium przewalskianum* |
| 96 | 毛穗香薷 | *Elsholtzia eriostachya* | 119 | 球果群心菜 | *Lepidium chalepense* |
| 97 | 毛葶苈 | *Draba eriopoda* | 120 | 球果葶苈 | *Draba glomerata* |
| 98 | 毛叶葶苈 | *Draba lasiophylla* | 121 | 区限虎耳草 | *Saxifraga finitima* |
| 99 | 美花草 | *Callianthemum pimpinelloides* | 122 | 全缘叶绿绒蒿 | *Meconopsis integrifolia* |
| 100 | 美丽棱子芹 | *Pleurospermum amabile* | 123 | 泉沟子荠 | *Taphrospermum fontanum* |
| 101 | 密生波罗花 | *Incarvillea compacta* | 124 | 柔小粉报春 | *Primula pumilio* |
| 102 | 密序山薅菜 | *Eutrema heterophyllum* | 125 | 肉果草 | *Lancea tibetica* |
| 103 | 绵毛婆婆纳 | *Veronica lanuginosa* | 126 | 乳白香青 | *Anaphalis lactea* |
| 104 | 棉毛葶苈 | *Draba winterbottomii* | 127 | 弱小火绒草 | *Leontopodium pusillum* |
| 105 | 木根香青 | *Anaphalis xylorhiza* | 128 | 三裂碱毛茛 | *Halerpestes tricuspis* |
| 106 | 囊距翠雀花 | *Delphinium brunonianum* | 129 | 三脉梅花草 | *Parnassia trinervis* |
| 107 | 拟鼻花马先蒿 | *Pedicularis rhinanthoides* | 130 | 山地虎耳草 | *Saxifraga sinomontana* |
| 108 | 拟锥花黄堇 | *Corydalis hookeri* | 131 | 杉叶藻 | *Hippuris vulgaris* |
| 109 | 扭连钱 | *Marmoritis complanatum* | 132 | 少花棘豆 | *Oxytropis pauciflora* |
| 110 | 欧氏马先蒿 | *Pedicularis oederi* | 133 | 湿生扁蕾 | *Gentianopsis paludosa* |
| 111 | 平滑披碱草 | *Elymus aristiglumis* var. *leianthus* | 134 | 石砾唐松草 | *Thalictrum squamiferum* |
| 112 | 平卧轴藜 | *Axyris prostrata* | 135 | 匙叶银莲花 | *Anemone trullifolia* |
| 113 | 铺散亚菊 | *Ajania khartensis* | 136 | 鼠麴雪兔 | *Saussurea gnaphalodes* |

| 序号 | 种　名 | 拉丁名 | 序号 | 种　名 | 拉丁名 |
|---|---|---|---|---|---|
| 137 | 水毛茛 | *Batrachium bungei* | 160 | 细蝇子草 | *Silene gracilicaulis* |
| 138 | 水母雪兔子 | *Saussurea medusa* | 161 | 藓状雪灵芝 | *Arenaria bryophylla* |
| 139 | 四蕊山莓草 | *Sibbaldia tetrandra* | 162 | 线叶嵩草 | *Kobresia capillifolia* |
| 140 | 梭罗以礼草 | *Kengyilia thoroldiana* | 163 | 腺花旗杆 | *Dontostemon glandulosus* |
| 141 | 太白韭 | *Allium prattii* | 164 | 腺毛蝇子草 | *Silene yetii* |
| 142 | 唐古特虎耳草 | *Saxifraga tangutica* | 165 | 小大黄 | *Rheum pumilum* |
| 143 | 条叶银莲花 | *Anemone coelestina* var. *linearis* | 166 | 小花毛果草 | *Lasiocaryum munroi* |
| 144 | 头花独行菜 | *Lepidium capitatum* | 167 | 小金莲花 | *Trollius pumilus* |
| 145 | 团垫黄耆 | *Astragalus arnoldii* | 168 | 小景天 | *Sedum fischeri* |
| 146 | 脱萼鸦跖花 | *Oxygraphis delavayi* | 169 | 小米草 | *Euphrasia pectinata* |
| 147 | 微孔草 | *Microula sikkimensis* | 170 | 小伞虎耳草 | *Saxifraga umbellulata* |
| 148 | 西藏报春 | *Primula tibetica* | 171 | 小眼子菜 | *Potamogeton distinctus* |
| 149 | 西藏风毛菊 | *Saussurea tibetica* | 172 | 小叶金露梅 | *Potentilla parvifolia* |
| 150 | 西藏虎耳草 | *Saxifraga tibetica* | 173 | 小早熟禾 | *Poa parvissima* |
| 151 | 西藏棱子芹 | *Pleurospermum hookeri* var. *thomsonii* | 174 | 楔叶葎 | *Galium asperifolium* |
| 152 | 西藏三毛草 | *Trisetum spicatum* subsp. *tibeticum* | 175 | 楔叶山莓草 | *Sibbaldia cuneata* |
| 153 | 西藏嵩草 | *Kobresia tibetica* | 176 | 楔叶委陵菜 | *Potentilla cuneata* |
| 154 | 西藏微孔草 | *Microula tibetica* | 177 | 星状雪兔子 | *Saussurea stella* |
| 155 | 锡金灯心草 | *Juncus sikkimensis* | 178 | 雪层杜鹃 | *Rhododendron nivale* |
| 156 | 锡金岩黄耆 | *Hedysarum sikkimense* | 179 | 鸦跖花 | *Oxygraphis glacialis* |
| 157 | 喜马拉雅嵩草 | *Kobresia royleana* | 180 | 岩生忍冬 | *Lonicera rupicola* |
| 158 | 喜山葶苈 | *Draba oreades* | 181 | 偃卧繁缕 | *Stellaria decumbens* |
| 159 | 细柄茅 | *Ptilagrostis mongholica* | 182 | 羊茅 | *Festuca ovina* |

| 序号 | 种　名 | 拉丁名 | 序号 | 种　名 | 拉丁名 |
|---|---|---|---|---|---|
| 183 | 异药芥 | *Atelanthera perpusilla* | 207 | 藏异燕麦 | *Helictotrichon tibeticum* |
| 184 | 银洽草 | *Koeleria litvinowii* subsp. *argentea* | 208 | 毡毛雪莲 | *Saussurea velutina* |
| 185 | 隐瓣蝇子草 | *Silene gonosperma* | 209 | 展苞灯心草 | *Juncus thomsonii* |
| 186 | 硬叶柳 | *Salix sclerophylla* | 210 | 展毛银莲花 | *Anemone demissa* |
| 187 | 优越虎耳草 | *Saxifraga egregia* | 211 | 爪瓣虎耳草 | *Saxifraga unguiculata* |
| 188 | 羽裂花旗杆 | *Dontostemon pinnatifidus* | 212 | 沼生水马齿 | *Callitriche palustris* |
| 189 | 羽叶点地梅 | *Pomatosace filicula* | 213 | 直梗高山唐松草 | *Thalictrum alpinum* var. *elatum* |
| 190 | 羽叶花 | *Acomastylis elata* | 214 | 直立点地梅 | *Androsace erecta* |
| 191 | 羽柱针茅 | *Stipa subsessiliflora* | 215 | 中亚早熟禾 | *Poa litwinowiana* |
| 192 | 圆齿褶龙胆 | *Gentiana crenulatotruncata* | 216 | 钟花报春 | *Primula sikkimensis* |
| 193 | 圆囊薹草 | *Carex orbicularis* | 217 | 重齿风毛菊 | *saussurea katochaete* |
| 194 | 圆穗蓼 | *Polygonum macrophyllum* | 218 | 皱叶绢毛苣 | *Soroseris hookeriana* |
| 195 | 圆叶小堇菜 | *Viola biflora* var. *rockiana* | 219 | 皱褶马先蒿 | *Pedicularis plicata* |
| 196 | 缘毛紫菀 | *Aster souliei* | 220 | 珠芽蓼 | *Polygonum viviparum* |
| 197 | 云南黄耆 | *Astragalus yunnanensis* | 221 | 猪殃殃 | *Galium spurium* |
| 198 | 云生毛茛 | *Ranunculus nephelogenes* | 222 | 锥花黄堇 | *Corydalis thyrsiflora* |
| 199 | 云雾龙胆 | *Gentiana nubigena* | 223 | 紫花糖芥 | *Erysimum funiculosum* |
| 200 | 藏北嵩草 | *Kobresia littledalei* | 224 | 紫花雪山报春 | *Primula chionantha* |
| 201 | 藏北薹草 | *Carex satakeana* | 225 | 紫花亚菊 | *Ajania purpurea* |
| 202 | 藏波罗花 | *Incarvillea younghusbandii* | 226 | 紫花针茅 | *Stipa purpurea* |
| 203 | 藏豆 | *Hedysarum tibeticum* | 227 | 紫色棱子芹 | *Pleurospermum apiolens* |
| 204 | 藏荠 | *Smelowskia tibetica* | 228 | 总梗委陵菜 | *Potentilla peduncularis* |
| 205 | 藏西风毛菊 | *Saussurea stoliczkai* | 229 | 钻裂风铃草 | *Campanula aristata* |
| 206 | 藏玄参 | *Oreosolen wattii* | 230 | 钻叶风毛菊 | *Saussurea subulata* |

# 中文名索引

# 拉丁名索引